高职高专会展设计与制作
"十二五"规划教材

原稿数字化与图像处理

王志量 编著

格致出版社  上海人民出版社

图书在版编目（CIP）数据

原稿数字化与图像处理/王志量编著. —上海：
格致出版社：上海人民出版社,2013
高职高专会展设计与制作"十二五"规划教材
ISBN 978 - 7 - 5432 - 2235 - 9

Ⅰ. ①原… Ⅱ. ①王… Ⅲ. ①印前处理－高等职业教
育－教材 Ⅳ. ①TS803.1

中国版本图书馆 CIP 数据核字（2013）第 041795 号

责任编辑　　王　萌
美术编辑　　路　静

高职高专会展设计与制作"十二五"规划教材
原稿数字化与图像处理
王志量 编著

出　　版　世纪出版集团
www.ewen.cc
格 致 出 版 社
www.hibooks.cn
上海人民出版社

（200001　上海福建中路193号24层）

编辑部热线 021 - 63914988
市场部热线 021 - 63914081

发　　行　世纪出版集团发行中心
印　　刷　苏州望电印刷有限公司
开　　本　787×1092毫米　1/16
印　　张　8.5
字　　数　113,000
版　　次　2013 年 7 月第 1 版
印　　次　2013 年 7 月第 1 次印刷
ISBN 978 - 7 - 5432 - 2235 - 9/J·01
定　　价　45.00 元

20 多年来,随着计算机信息技术的发展,特别是计算机技术在印刷复制领域中的不断深入,印前原稿数字化技术与方法发生了革命性的变化。印前、印刷、印后加工各环节的设备和工艺技术,与计算机技术密切相关。数字印前处理技术已在生产中得到了迅速推广与普及,从传统的模拟信息处理方式转向全新的数字印前处理方式,大幅度地提高了生产效率和图像复制的质量。而且印前领域正不断扩展,成为现代信息传播的关键技术。

本书主要介绍印前原稿数字化处理的基本方法、工艺流程与原理,并着重介绍 Photoshop 软件在印前原稿图像调整的基本原理和操作实例。全书共分四大工作任务:工作任务一主要介绍印前制作岗位的工作内容、印刷工艺和业务流程,介绍了印前设计流程,同时介绍了图文印刷行业相关的法规和职业道德;工作任务二主要介绍印前输入设备扫描仪的工作原理、印前不同类型的原稿扫描装稿和扫描流程、扫描质量判断和扫描图像调整、图像扫描定标的原则;工作任务三主要介绍印前原稿检查的内容、图像处理的各种方法、图像复制中影响图像清晰度的因素和调整、各种提高印前图像清晰度的方法;工作任务四主要介绍印前图像需要进行处理的原因,Photoshop 曲线调色、色相/饱和度调色、可选颜色调色的应用实例、印前图像中性灰调色理论,及色偏原稿的调色实例。

本教材依据印前原稿数字化和图像处理所需职业能力,打破传统学科型教程编制方法。通过行业专家对印前制作员岗位职业能力的分析和调研,以工作任务为主线,通过项目、活动的引领,将职业融入学业,学业凸显职业。书中实例体现了"做中学,学中做"的现代教学理念。书中的内容紧扣印前制作员职业岗位的要求,体现了"工学结合"的教学理念。

原稿数字化和图像处理是一项理论性与实践性都很强的活动,在本书的编写过程中,简明阐述了现代印前原稿图像处理的理论与方法,并注重实例的操作,便于读者能更全面地学习和掌握有关的技术和艺术。

　　书中引用了多位作者的资料和著述以及国内外最新研究文献,在此谨向他们致以真诚的谢意。

　　由于时间仓促和作者水平所限,对于探索型的教材编写,书中不足之处在所难免,恳请广大同行专家不吝批评指正。

编者

目 录

工作任务 一

印前制作岗位探究

■ 任务内容和要求

1. 了解印刷品生产流程,熟悉印前制作岗位职责;

2. 了解图文印刷行业法规和职业道德。

■ 任务背景

随着我国经济的迅猛发展,人们在物质资源不断丰富,生活质量不断提高的同时,也对纸制媒体和各类产品包装提出了相应的高要求和高需求。这种改变不仅仅体现在数量上,同时也体现在质量、实用性和环保等各方面。印刷业作为媒体传播和各种产品包装制造的辅助产业,也必将迅速发展壮大。目前,我国纸质印刷品产量以每年超过两位数的速度在增长,即便如此,与世界发达国家相比,仍有很大差距。目前,我国年人均印刷品消费值仅为 10 美元,约为世界人均消费值的 17.8%。随着我国国民经济生产总值连年攀升,我国印刷行业也将呈现出前所未有的蓬勃发展景象。预计今后 5—10 年内,印刷行业的年增长率将不会低于10%—15%。

印刷的工艺流程主要分为印前制作、印刷和印后加工三个过程,印前制作是整个印刷工作流程中的主要工序之一。随着计算机技术的高速发展,传统的铅字排版、照相制版等手工印前制作工艺已逐渐被以计算机为载体的数字化工作流程所取代,印前制作员应运而生。我国的印前制作人员的比例大约占整体从业人员的 1/6,主要集中在长三角、珠三角和环渤海湾地区。据不完全统计,中国各类印刷企业约 16 万家,从业人员超过 300 万人。

我国印刷业的印前制作人员起点多数较低,未接受过系统的职业培训和教育,高级技术人员的比例远小于其他行业。大量一线技术工人得不到应有的专业技能培训,技师和高级技师更是凤毛麟角。这种人才匮乏的局面大大制约了印刷业的发展。提高印前制作人员的职业技能,规范其职业行为已成为急待解决的问题。经过规范化培训的印前从业人员是保证各类印刷品质量达标的前提。从整体行业的发展来看,印前制作员的需求必然呈现增长之势。

项目一　了解印刷品生产流程

工作情景　小王大学毕业应聘到了一家图文印刷企业的印前图像处理岗位。学文科出身的小王,作为一名新员工,对企业和印前制作流程还比较陌生。为了了解行业和掌握工作内容,小王通过对印刷品生产流程的参观,了解印前原稿数字化和处理的环节在整个印刷流程中的地位,及印前图像制作员的工作对印刷成品质量控制的重要性。

活动一　图文印刷企业参观

活动任务　在企业了解印刷工艺流程、业务流程,以及印前从业人员工作内容,了解一些印前图片的质量问题。

活动引导　从小,我们对印刷品的使用经验已经非常丰富,常见的印刷品有书籍、报刊、杂志、票证等。但是,这些印刷品是怎样生产出来的,包括印刷品上的文字、图案、颜色的设计,我们一概不知。现在通过参观了解,熟悉平面设计师在印前的工作岗位上要做些什么。

印刷是使用印版或其他方式将原稿上的图文信息转移到承印物上的工艺技术。要实现这一过程,必须具备原稿、印版、承印物、油墨、印刷机械才能进行。历经接稿、输入、调整、文字、排版、保存、打印、输出、打样、印刷共为十个阶段(图 1-1)。

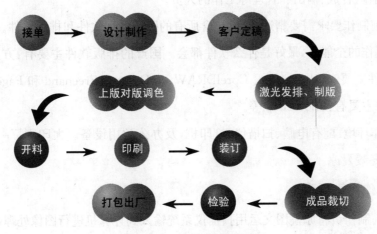

图 1-1　印刷业务操作流程

其中,从校色到出片打样的阶段叫"印前",设计师所做的仅仅是印前的一部分工

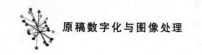

作——在电脑上对原稿进行适当处理,生成符合印刷要求的数字文件(图1-2)。

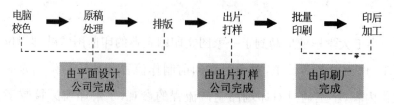

图1-2 印刷工艺流程

（一）印前设计或电脑设计的工作流程

1. 明确设计及印刷要求,接受客户资料;

2. 设计:包括输入文字、图像、创意、拼版;

3. 出黑白或彩色校稿,让客户修改;

4. 按校稿修改;

5. 再次出校稿,让客户修改,直到定稿;

6. 让客户签字后出菲林;

7. 印前打样;

8. 送交印刷打样,让客户看是否有问题,如无问题,让客户签字。

至此,印前设计全部工作即告完成,如果打样中有问题,还得修改,重新输出菲林。

（二）印前制作人员

1. 印前制作员定义:在印前及媒体准备工作流程中,从事图文信息输入、处理、加工、设计、制作、合成、输出和管理等工作的人员。

2. 印前制作要求需要精通软件:包含所有的图像处理软件和排版软件。现在要想成为印前制作的全能手,最好是什么软件都会。国产的排版软件主要有:方正飞腾、蒙泰;进口软件主要有:Illustrater、CorelDRAW、InDesign、Freehand 和 Pagemaker;图像处理软件主要有:Photoshop 等。

3. 工作环境:配有电脑、扫描仪、打印机,及办公常用设备。大印刷厂一般都装有中央空调,冬暖夏凉。

（三）工作场景再现

1. 印前制作员将原稿图文运用扫描仪系统输入到计算机进行图像处理(图1-3)。

2. 印前制作员根据印稿要求,对图像进行区域选择、复制、抠像以及图像的几何变换等操作(图1-4)。

图1-3　图文扫描

图1-4　图形选取

3. 印前制作员对图形轮廓线及颜色、线宽、线条装饰和线端进行处理(图1-5)。

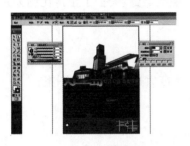

图1-5　轮廓线处理

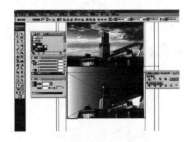

图1-6　图形的分类填充

4. 印前制作员对图形进行分类填充,根据要求进行图形的成组、合并、交叉和焊接(图1-6)。

5. 印前制作员要懂得字体和字号的识别与使用规则,掌握排版规则(图1-7)。

6. 印前制作进入了晒版工艺流程。拼版、晒版、冲洗是晒版的三个环节(图1-8)。

图1-7　排版

图1-8　晒版

图1-9　印制管理

7. 印前制作员应该能参与印制管理,按工艺单的规定内容确定作业步骤(图1-9)。

(四) 当前印刷品中存在的主要问题

著名摄影记者王文澜写文章说:"国内出版物印刷水平与国际上有较大差距,还停留在较低水平。"对此许多画家、摄影师也是经常抱怨。从当前整体图书的印制质量来看,还不能令人满意,普遍存在着质量差、返工多、效率低的现象。在当前全国 8 000 多种期刊中,比较高档彩印期刊所占比重不足 1‰,大多数是中低档产品,甚至有一部分是劣质产品。彩色报纸更不用说了,除了少数几家报纸的彩色图片比较好之外,多数是低档。更不能令人满意的是一些高档画册,竟然印制成垃圾产品。例如一家国家级出版社,出版一本八开本大型豪华、精装集邮画册,分上下两册,售价 888 元,其印制质量之低劣,真叫人吃惊,虚的虚,偏色的偏色,浅的浅,深的深,真是垃圾产品。被珠海一位读者告到"质量万里行"才引起出版社领导的重视。

现在一些画报、期刊杂志和一些艺术类画册的彩色图片印刷质量不好,不能还原原稿,色彩失真,有的色彩成了图案色块,有的明暗层次颠倒,失去了正常比例关系。当前彩色图像复制中存在的主要问题是:

1. 色相不准,不能还原原稿;

2. 色彩饱和度不是不够,色彩灰暗,就是饱和度太过,成了色块图案;

3. 图像模糊,不实,不清晰;

4. 相关的图(整体与局部)没有照应,差距很大;

5. 色彩处理得零乱,失去了正常的比例关系。

色相不准、发暗发闷的图片,如图 1-10:

图 1-10 色相不准的图片

色彩饱和度不够、图像灰暗的图片,如图 1-11:

图 1-11 色彩饱和度不够的图片

图像模糊不清晰的图片，如图 1-12：

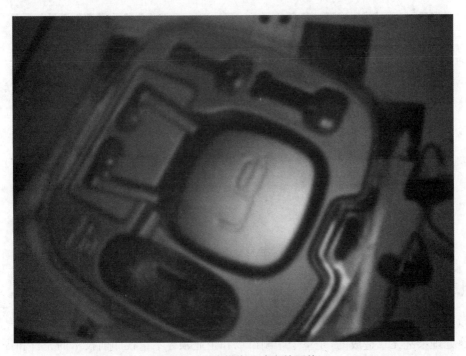

图 1-12 图像模糊不清晰的图片

整体与局部处理不好的图片，如图 1-13：

色彩处理得零乱的图片，如图 1-14：

图1-13　整体与局部处理不好的图片

图1-14　色彩处理得凌乱的图片

（五）主要问题是印前图像处理杂乱无章

　　当然造成目前印制质量普遍低劣，其问题是多方面的，但其中一个主要问题是印前图像处理杂乱无章造成的，是整个印刷市场和企业领导不重视印前技术的完善和提升，不重视对印前图像处理人员的技能培训，不重视印前图像处理对印刷质量的影响。同时还存在一些模糊认识：

　　1. 一些人认为印前市场从暴利时代跌入低谷后，既不挣钱，还要花钱，能保持现状就不错。因此,不重视印前部门。

2. 有些人认为现在 DTP（DTP 是桌面出版系统的简称,英文意思是"desktop publishing",也称作桌面出版。它集文字照排、图像分色、图文编辑合成、创意设计和输出彩图或分色软片于一身。)制版技术很简单,只要会电脑操作,即使不懂色彩知识,不懂制版、印刷工艺的人,也可以看着屏幕调色也能调出产品来。结果事与愿违,调出来的图片不是颜色失真,就是层次损失。一人调一个样,一次调一个样,没有准谱,没有一点规律性。这怎么能印制出好的质量呢?

3. 目前印前市场一片混乱,进行无序的价格战。扫描 5 角一兆,有的甚至 3 角一兆。有的用低档平台扫描仪,有的在电分机滚筒上贴满了几十张照片,一下子扫下来,业内人士称为"野路子操作",根本不讲什么质量。

4. 一些广告设计公司用低档平台扫描模拟原稿或用低像素数码相机拍摄的数码图片,导致印制质量低劣。

5. 由于彩色印刷发展太快,优秀的图像处理人员奇缺。大批年轻人担负起印前作业,他们很聪明,很能干,但由于没有专业培训,没有好的老师进行指导,也只能是赶鸭子上架,应付着干,盲目地干。因此质量也就无法保证了。

（六）印前图像处理技术的重视是印出好的印刷产品的关键

印前图像处理技术(高精度扫描机的扫描分色和高像素的专业数码相机拍摄的数字图片,及后期的技术加工和艺术处理)真的太重要了,它是印刷复制的第一关,是印刷图像质量好坏的基础,是印出好产品的关键所在。实践证明,图像处理不好,最好的印刷适性条件也印不出好的产品。

1. 印前图像处理如同模具,模具一旦做成,不可能再去改变。图像处理的阶调,颜色已经构成,不能希望印刷有大的改进。

2. 印前图像处理像女人生了一个孩子,先天不足,后天用多少钱也医治不好。图像处理不好,先天不足,后端印刷用最好的印刷条件,也印不出好的产品。

3. 印前图像处理是个可变因素,它需把千变万化的各种类型,各种特性的原稿,调整处理到符合各种印刷适性的范围内,要为印刷提供理想的原版。

4. 印前图像处理是一项技术加艺术的特殊技术,它既要遵循工艺技术的规律性,又要再现印刷图像的艺术效果,使印刷图像具有更好的欣赏性和艺术功能。

5. 印前图像处理既要做到对原稿的忠实还原,又要对非适性原稿进行加工处理。目前 80% 多的原稿图像质量很差,都要通过先进工具进行技术加工和艺术处理,达到

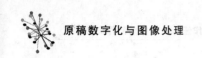
忠于原稿和满足客户需要的效果,还要为印刷提供理想的原版,为印刷创造条件,要根据印刷网点变化的规律加以补偿。

实践证明,无论采用照排工艺还是应用 CTP[CTP(computer-to-plate)即脱机直接制版。CTP 就是计算机直接到印版,是一种数字化印版成像过程。]技术,无论是传统印刷还是数字印刷,其前端仍然要对模拟原稿进行扫描分色;数码相机的图像,仍然需要进行色空间转换和处理。因此,要印出好产品,必须充分认识对印前技术的改造和提升的重要性;必须充分重视印前图像处理的质量对印刷质量的影响;必须充分重视培养优秀的图像处理人员。

许多事例证明,哪个企业,哪个出版社重视印前图像处理,它的印刷量就好。反之,那些不重视印前图像处理的企业和出版社,他们的印刷质量肯定就差。

项目二　了解图文印刷行业法规和职业道德

工作情景　通过对企业的参观了解,小王对本岗位的工作情况有了基本了解,但是印刷行业是一个特殊的行业,国家对该行业制定了许多相关的调理和规章制度,作为一名从业人员,不仅要遵守国家的有关法律、法规和规章制度,讲求经济效益,也要讲求社会效益。

活动一　印刷行业相关法规、条例

活动任务　通过相关的法规和条例网站的浏览,了解印刷行业的法规和职业道德,增强职业操守,使自己的职业行为符合相关法律的规定。

活动引导　印刷业具有大量复制的特点,从事印刷经营的企业和个人不仅要遵守国家的有关法律、法规和规章制度,讲求经济效益,也要讲求社会效益,因为印刷业是建设社会主义精神文明的重要行业,而印刷品则是重要的精神产品之一。

印刷是一种特殊行业,我国对印刷业执行管理的基本依据是 2001 年由国务院第 315 号令颁布的《印刷业管理条例》,自 2001 年 8 月 2 日起执行,制定《印刷业管理条例》的基本目的是加强印刷业的管理,维护印刷业经营者的合法权益和社会公共利益,促进社会主义精神文明和物质文明建设。

我国与印刷行业相关的法规、条例包括:

1.《印刷管理条例》；

2.《出版管理条例》；

3.《印刷品承印管理规定》；

4.《商标印制管理办法》；

5.《广告法》；

6.《印刷品广告管理办法》；

7.《内部资料性出版物管理办法》。

印刷行业相关的条例和规定摘录如下：

（一）通用审查义务

任何出版物均不得含有下列情形：

1. 反对宪法确定的基本原则的；

2. 危害国家统一、主权和领土完整的；

3. 泄露国家秘密、危害国家安全或者损害国家荣誉和利益的；

4. 煽动民族仇恨、民族歧视，破坏民族团结，或者侵害民族风俗、习惯的；

5. 宣扬邪教、迷信的；

6. 扰乱社会秩序，破坏社会稳定的；

7. 宣扬淫秽、赌博、暴力或者教唆犯罪的；

8. 侮辱或者诽谤他人，侵害他人合法权益的；

9. 危害社会公德或者民族优秀文化传统的；

10. 以未成年人为对象的出版物不得含有诱发未成年人模仿违反社会公德的行为和违法犯罪的行为的内容，不得含有恐怖、残酷等妨害未成年人身心健康的内容；

11. 未署出版单位名称的；

12. 有法律、行政法规和国家规定禁止的其他内容。

如经审查，发现出版物内容具有类似上述情形的，应事先向公司主管领导通报，暂停承印业务。

法律依据：《出版管理条例》第 26、27、40 条。

（二）禁止行为

1. 不得盗印出版物；

2. 不得销售、擅自加印或者接受第三人委托加印受委托印刷的出版物；

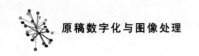

3. 不得将接受委托印刷的出版物纸型及印刷底片等出售、出租、出借或者以其他形式转让给其他单位或者个人;

4. 不得征订、销售出版物;

5. 不得假冒或者盗用他人名义印刷、销售出版物;

6. 不得印刷国家明令禁止出版的出版物和非出版单位出版的出版物;

7. 不得接受非出版单位和个人的委托印刷报纸、期刊、图书,不得擅自印刷、发行报纸、期刊、图书。

法律依据:《印刷业管理条例》第 21、22 条,《出版管理条例》第 33 条。

(三) 商业类产品印刷相关法律法规

1. 商标标识印刷

1. 审查商标图样不得有下列情形:

(1) 同中华人民共和国的国家名称、国旗、国徽、军旗、勋章相同或者近似的,以及同中央国家机关所在地特定地点的名称或者标志性建筑物的名称、图形相同的;

(2) 同外国的国家名称、国旗、国徽、军旗相同或者近似的,但该国政府同意的除外;

(3) 同政府间国际组织的名称、旗帜、徽记相同或者近似的,但经该组织同意或者不易误导公众的除外;

(4) 与表明实施控制、予以保证的官方标志、检验印记相同或者近似的,但经授权的除外;

(5) 同"红十字"、"红新月"的名称、标志相同或者近似的;

(6) 带有民族歧视性的;

(7) 夸大宣传并带有欺骗性的;

(8) 有害于社会主义道德风尚或者有其他不良影响的;

(9) 县级以上行政区划的地名或者公众知晓的外国地名不得作为商标,但是,地名具有其他含义或者作为集体商标、证明商标组成部分的除外;已经注册的使用地名的商标继续有效。

法律依据:《商标印制管理办法》第 6 条、《商标法》第 10 条。

2. 与委托人签订印刷合同:

委托印刷单位和印刷企业应当按照国家有关规定签订印刷合同。

法律依据:《印刷业管理条例》第 16 条。

3. 验证与留存：

商标注册人委托：

（1）验证营业执照副本或者合法的营业证明或者身份证明；

（2）验证《商标注册证》或者由商标注册人所在地县级工商行政管理部门签章的《商标注册证》复印件；

（3）核查委托人提供的注册商标图样应当与《商标注册证》上的商标图样相同；

（4）保存其验证、核查的工商行政管理部门签章的《商标注册证》复印件、注册商标图样 2 年，以备查验。

商标使用人委托：

（1）验证营业执照副本或者合法的营业证明或者身份证明；

（2）验证《商标注册证》或者由商标注册人所在地县级工商行政管理部门签章的《商标注册证》复印件；

（3）核查委托人提供的注册商标图样应当与《商标注册证》上的商标图样相同，且样稿应当标明被许可人的企业名称和地址；

（4）验证注册商标使用许可合同、授权书，或其所提供的《商标使用许可合同》含有许可人允许其印制商标标识的内容；

（5）保存其验证、核查的工商行政管理部门签章的《商标注册证》复印件、注册商标图样、注册商标使用许可合同复印件 2 年，以备查验。

法律依据：《印刷业管理条例》第 24 条、《印刷品承印管理规定》第 13 条、《商标印制管理办法》第 5 条。

4. 建立相关制度：

商标印制档案制度：

（1）商标印制业务管理人员应当按照要求填写《商标印制业务登记表》，载明商标印制委托人所提供的证明文件的主要内容；

（2）《商标印制业务登记表》中的图样应当由商标印制单位业务主管人员加盖骑缝章；

（3）商标标识印制完毕，商标印制单位应当在 15 天内提取标识样品；

（4）标识样品连同《商标印制业务登记表》、《商标注册证》复印件、商标使用许可合同复印件、商标印制授权书复印件等一并造册存档；

（5）商标印制档案应当存档备查，存查期为两年。

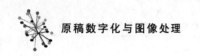

商标标识出入库台账制度:

(1) 商标印制单位应当建立商标标识出入库制度;

(2) 商标标识出入库应当登记台账;

(3) 商标标识出入库台账应当存档备查,存查期为两年。

废次标识销毁制度:

废次标识应当集中进行销毁,不得流入社会。

法律依据:《商标印制管理规定》第8、9、10条。

5. 禁止行为:

印制未注册商标的,所印制的商标不得标注"注册商标"字样或者使用注册标记。

法律依据:《商标印制管理规定》第6条。

2. 广告宣传品、作为产品包装装潢的印刷品印刷

1. 审查广告宣传品不得有下列情形:

(1) 使用中华人民共和国国旗、国徽、国歌;

(2) 使用国家机关和国家机关工作人员的名义;

(3) 使用国家级、最高级、最佳等用语;

(4) 妨碍社会安定和危害人身、财产安全,损害社会公共利益;

(5) 妨碍社会公共秩序和违背社会良好风尚;

(6) 含有淫秽、迷信、恐怖、暴力、丑恶的内容;

(7) 含有民族、种族、宗教、性别歧视的内容;

(8) 妨碍环境和自然资源保护;

(9) 法律、行政法规规定禁止的其他情形。

法律依据:《广告法》第7条。

2. 与委托人签订印刷合同:

委托印刷单位和印刷企业应当按照国家有关规定签订印刷合同。

法律依据:《印刷业管理条例》第16条。

3. 验证与留存:

广告经营者(广告公司、广告代理人等)委托:

(1) 验证委托印刷单位的营业执照或者个人的居民身份证;

(2) 验证广告经营资格证明;

(3) 应当将印刷品的成品、半成品、废品和印版、纸型、底片、原稿等全部交付委托印刷单位或者个人,不得擅自留存。

其他单位或个人委托:

(1) 验证委托印刷单位的营业执照或者个人的居民身份证;

(2) 应当将印刷品的成品、半成品、废品和印版、纸型、底片、原稿等全部交付委托印刷单位或者个人,不得擅自留存。

法律依据:《印刷业管理条例》第25、26条,《印刷品承印管理规定》第13、16条。

3. 承印境外包装装潢印刷品

1. 与委托人签订印刷合同:

委托印刷单位和印刷企业应当按照国家有关规定签订印刷合同。

法律依据:《印刷业管理条例》第16条。

2. 验证与留存:

(1) 验证并收存委托方的委托印刷证明;

(2) 印刷前将委托印刷证明报所在地省、自治区、直辖市人民政府出版行政部门备案,经所在地省、自治区、直辖市人民政府出版行政部门加盖备案专用章后,方可承印;

(3) 验证并保存委托印刷单位的注册商标图样;

(4) 验证并保存注册商标使用许可合同复印件;

(5) 印刷的包装装潢印刷品必须全部运输出境,不得在境内销售;

(6) 妥善留存上述验证的证明、书件2年,以备出版行政部门、公安部门查验。

法律依据:《印刷业管理条例》第27条,《印刷品承印管理规定》第14条。

4. 禁止行为

不得印刷假冒、伪造的注册商标标识,不得印刷容易对消费者产生误导的广告宣传品和作为产品包装装潢的印刷品。

法律依据:《印刷业管理条例》第23条。

【体验活动】

1. 到印前企业参观、调研印前图像处理流程和工艺,并写出调研报告。

2. 了解与印前设计岗位相关的法规、条例。

原稿输入处理

■ 任务内容和要求

1. 熟悉扫描仪系统构成和基本操作；

2. 能对原稿分类；

3. 掌握原稿的扫描方法及正确存储；

4. 掌握扫描仪的分辨率与扫描比例设定；

5. 会扫描装稿；

6. 能对原稿分析与质量判断；

7. 掌握图像扫描的定标原则；

8. 能用数码照相机输入原稿。

■ 任务背景

扫描仪是一种把模拟原稿转变成数字图像的输入设备，无论是作为网络传输的一种资源还是丰富印刷内容的一种需求，扫描仪扮演的角色十分重要。对于扫描仪的操作，不仅要根据不同类型原稿对设备进行选择，还要对扫描模式或存储方式进行正确选择才能提高扫描质量。

接稿是一个很重要的环节，一般是业务人员从客户那里将第一手稿件资料及客户要求接过来，拿到公司交由设计制作部门进行设计制作。但是在实际操作的过程中，往往业务人员不能全面传达客户(也称为广告主)的要求，主要是因为大多数业务人员不一定熟悉制作、印刷的工艺流程而盲目承诺，结果导致最终制作、印刷和印刷后期工艺的表现效果无法达到客户的要求，从而使设计人员、公司、客户之间产生了矛盾。

所以，在有可能、有条件的情况下，接稿的时候最好有设计人员陪同在场，以掌握客户的第一思想，使设计制作的最终效果尽可能达到客户的要求；同时，技术人员还可以根据客户所提出的希望达到的效果，结合印刷工艺的实际情况来仔细分析，并推荐给客户一个最满意的印刷效果方案，这样就可以在接稿的时候避免一些不必要的麻烦，为以后的设计制作、印刷等做了一个良好的铺垫工作。

摄影家的能力是把日常生活中稍纵即逝的平凡事物转化为不朽的视觉图像。印刷和摄影有着密切的联系，摄影作品一般要通过影像处理及印刷等过程才能获得大量复制品，与广大读者见面，否则，一幅很有价值的艺术摄影作品，也只能是供少数人或自我欣赏，起不到广泛传播作用。摄影工作也是原稿采集和输入的一大手段，摄影作品通过复制时能得到精美的印刷品，赋予作品以更大的艺术活力和欣赏。

项目一　原稿扫描输入

工作情景　在图文印刷企业,小王在印前制作员的岗位上正式开始了工作。客户交给的设计印刷任务中原稿素材,要分类和处理。原稿的输入是他的主要工作之一,因此,小王必须对公司的平板扫描仪和专业公司滚筒式扫描仪等输入设备十分了解和熟悉。掌握扫描仪的结构和工作原理,扫描工作基础知识和扫描仪的基本设置,以及原稿的质量判断,对于印后印刷品质量的控制,起着关键的作用。图片扫描质量的好坏决定了图片的最终输出质量,如何得到最佳质量的图片,是行业长期的共同话题。扫描质量的优劣与扫描仪、扫描软件以及操作者的实际经验都有着极大的关系,控制质量不外乎原稿、扫描设备、扫描参数设置及扫描技术。通过以下一系列活动,小王可以很快掌握专业知识,胜任印前制作员岗位的工作。

活动一　扫描仪系统构成和基本原理

活动任务　在公司设计部,公司同仁对扫描仪和原稿扫描基本操作进行介绍。

活动引导　扫描仪是一种将静态图像转为数字图像的设备,使用方式有点类似复印机,不同的是扫描仪将捕捉到的文件或图像,经过数字化的过程,使其能储存于计算机中。扫描仪之所以能将图像扫描出来,简单地说就是利用不同颜色对光的反射能力,然后再经由感光组件吸收反射光之后,转换成计算机所能判别的 0 与 1 数字资料,通过扫描软件的运算组合之后,转换成用户所见的图像文件。

（一）扫描仪种类

1. 平板式扫描仪,也称为台式扫描仪,这是功能最多并且最常用的扫描仪。(图 2-1)

图 2-1　中晶 Scanmaker 系列平板式扫描仪

2. 馈纸式扫描仪,与平板式扫描仪相似,不同之处在于文档移动而扫描头固定。馈纸式扫描仪看起来很像小型的便携式打印机。(图 2-2)

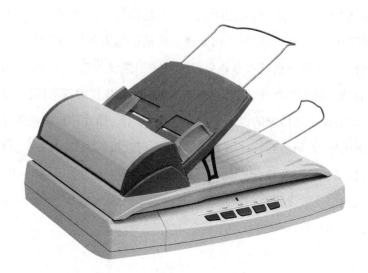

图 2-2　方正 z830 馈纸式扫描仪

3. 手持式扫描仪的基本技术与平板式扫描仪相同,不过,需要使用者移动它们以完成扫描,而不是使用由电机驱动的传动带。通常,这种类型的扫描仪提供的图像质量不太好。然而,它可用于快速抓取文本。(图 2-3)

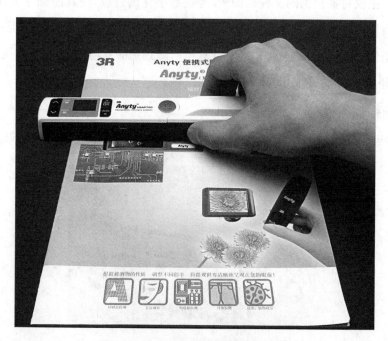

图 2-3　3R Anyty f300 手持式扫描仪

4. 滚筒式扫描仪,是目前最精密的扫描仪器,它一直是高精密度彩色印刷的最佳选择,它也叫做"电子分色机",出版业用来抓取极为细致的图像。它们使用一种叫做光学倍增管(PMT)的技术。在 PMT 中,待扫描的文档被安放在一个玻璃滚筒上。在滚筒的中心有一个传感器,它将从文档反射出的光拆分成三束光。每一束光都要通过一个滤色镜进入光学倍增管,在那里光信号被转化成电信号。(图 2-4)

图 2-4　英国 Crosfield 656 高速滚筒式扫描仪

扫描仪的基本原理是分析图像并按照某种方式对图像进行处理。通过抓取图像和文本(OCR,即光学字符识别),可以将信息保存到电脑上的文档中。然后,就可以修改或增强图像。

(二) 扫描仪的组成

一台典型的平板式扫描仪的组成部分包括:

电荷耦合器(CCD)阵列,如下图 2-5,包括反射镜、扫描头、玻璃板、灯、透镜、上盖、滤色镜、步进电机、平衡杆、传动带、电源、接口端口、控制电路等部分。

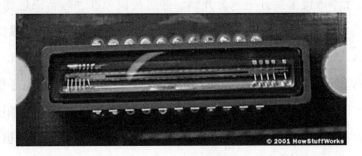

图 2-5　CCD 阵列

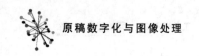

CCD 阵列是扫描仪的核心部件。CCD 是扫描仪图像抓取领域最常用的技术。CCD 由大量微小的感光二极管组成,感光二极管能将光子(光)转换成电子(电荷)。这些二极管被称为光点。简而言之,每一个光点都对光敏感——入射到单个光点的光越亮,在这个光点积累的电荷就越多。光子撞击光点并产生电子,您所扫描的文档的图像经过一系列的反射镜、滤色镜和透镜到达 CCD 阵列。这些元器件的具体排列取决于扫描仪的型号,但基本原理是大致相同的。扫描仪工作原理参见图 2-6:

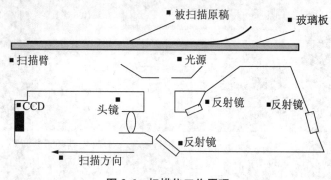

图 2-6　扫描仪工作原理

（三）扫描仪工作过程

扫描仪的工作原理并不复杂,从它的工作过程就能够基本反映出。扫描的一般工作过程是:

1. 开始扫描时,机内光源发出均匀光线照亮玻璃面板上的原稿,产生表示图像特征的反射光(反射稿)或透射光(透射稿)。反射光经过玻璃板和一组镜头,分成红、绿、蓝三种颜色汇聚在 CCD 感光元件上,被 CCD 接受。其中空白的地方比有色彩的地方能反射更多的光。

2. 步进电机驱动扫描头在原稿下面移动,读取原稿信息。扫描仪的光源为长条形,照射到原稿上的光线经反射后穿过一个很窄的缝隙,形成沿 x 方向的光带,经过一组反光镜,由光学透镜聚焦并进入分光镜。经过棱镜和红、绿、蓝三色滤色镜得到的 RGB 三条彩色光带分别照到各自的 CCD 上,CCD 将 RGB 光带转变为模拟电子信号,此信号又被 A/D 转换器转变为数字电子信号。

3. 反映原稿图像的光信号转变为计算机能够接受的二进制数字电子信号,最后通过 USB 等接口送至计算机。扫描仪每扫描一行就得到原稿 x 方向一行的图像信息,随着沿 y 方向的移动,直至原稿全部被扫描。经由扫描仪得到的图像数据被暂存在缓冲器中,然后按照先后顺序把图像数据传输到计算机并存储起来。当扫描头完成对原稿的相对运动,将图稿全部扫描一遍,一幅完整的图像就输入到计算机中去了。

4. 数字信息被送入计算机的相关处理程序,在此数据以图像应用程序能使用的格式存在。最后通过软件处理再现到计算机屏幕上。

扫描头顶端的荧光灯如下图 2-7 所示:

图 2-7　扫描仪荧光灯

平衡杆被紧紧固定在扫描仪的机身上,并且非常坚固,如图 2-8 所示:

图 2-8　扫描仪平衡杆

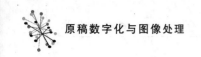

文档的图像被一个倾斜的反射镜反射到另一个反射镜上。在一些扫描仪中,只有两个反射镜,而其他扫描仪则使用三个反射镜。每一个反射镜都略微弯曲,以便将它反射的图像聚焦到一个较小的表面上。最后一个反射镜将图像反射到一个透镜上。图像经过透镜后穿过一个滤色镜,并聚焦到 CCD 阵列上。

扫描头中安装的全部三个反射镜外加一个透镜如图 2-9 所示:

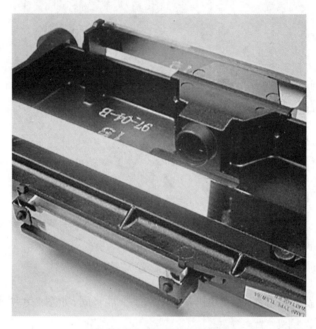

图 2-9　扫描仪中的反射镜

在不同的扫描仪中,滤色镜和透镜的排列方式是不同的。有些扫描仪用三遍扫描法。每一遍都在透镜和 CCD 阵列之间使用一个不同的滤色镜(红色、绿色或黄色)。在三遍扫描完成之后,扫描软件就将三幅经过滤色的图像组合成一幅全色图像。

现在,大多数扫描仪都使用单遍扫描法。透镜将图像拆分为三幅较小的图像。每一幅小图像都通过一个滤色镜(红色、绿色或黄色)投射到 CCD 阵列的分立部分。然后,扫描仪将 CCD 阵列的三个部分的数据组合成一幅全色图像。

在考察计算机和扫描仪之间是怎样一起工作之前,首先让我们先讨论一下分辨率。

（四）扫描仪的分辨率和插补

各种扫描仪的分辨率和清晰度不尽相同。大多数平板式扫描仪的真实硬件分辨率至少为 300×300 点每英寸(dpi)。扫描仪的 dpi 是由 CCD 或 CIS 阵列中每行含有的传感器数量(x 方向采样率)与步进电机精度(y 方向采样率)的乘积决定的。

步进电机的精度决定了 y 方向采样率,如图 2-10 所示:

图 2-10　扫描仪步进电机

举例来说,如果分辨率是 300×300 dpi,并且扫描仪能够扫描信件尺寸的文档,那么 CCD 的每一横行都排列了 2 550 个传感器。单遍扫描仪可能具有三行共 7 650 个传感器。在我们的例子中,步进电机能够以 1/300 英寸的步幅前进。同样,分辨率为 600×300 的扫描仪所具有的 CCD 阵列每一横行都排列了 5 100 个传感器。

大多数扫描仪的扫描区域都是信件尺寸(21.6 厘米 $\times$ 27.9 厘米)或法定尺寸(27.9 厘米 $\times$ 35.6 厘米),如图 2-11 所示:

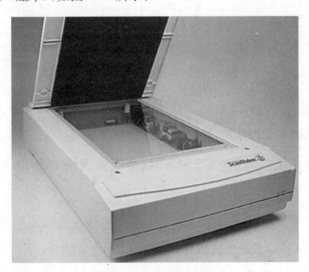

图 2-11　扫描仪的扫描区

清晰度主要取决于制造镜头所用的光学器件的质量以及光源的亮度。明亮的疝气灯和高质量透镜产生的图像比标准荧光灯和普通透镜产生的图像要清晰得多，因此图像更锐利。当然，很多扫描仪标明的分辨率是 4 800 × 4 800 甚至是 9 600 × 9 600。要达到 x 方向采样率为 9 600 的硬件分辨率，要求 CCD 阵列含有 81 600 个传感器。如果细看规格说明书，您会发现，这些高分辨率通常标有软件增强、插值分辨率或类似的内容。而这些是什么意思？插补是扫描软件用来增强图像视觉分辨率的过程。它是通过在 CCD 阵列实际扫描到的像素之间，产生额外的像素来完成的。而这些额外的像素是邻近像素的平均值。例如，如果硬件分辨率是 300 × 300，而插补分辨率是 600 × 300，那么软件在每行中的 CCD 传感器扫描到的每个像素之间又添加了一个像素。

扫描时用到的另一个术语是位深度，又称色彩深度。这只是指扫描仪能够重现的颜色的数量。每个像素要求有 24 位才能产生标准的真彩色，而市场上销售的扫描仪几乎都支持这一技术。其中，很多扫描仪都提供 30 或 36 位的位深度。虽然它们输出的仍然只是 24 位颜色，但是，它们执行了内部处理，以便在增强的调色板所提供的颜色中选出最好的颜色。24 位、30 位和 36 位扫描仪在图像质量方面是否存在显著的差异？关于这个问题人们有很多不同的观点。

（五）图像传输

扫描文档只是整个过程的一个部分。所扫描的图像只有在传输到电脑里之后才有用。扫描仪通常使用以下四种连接方式：

1. 并行接口。通过并行端口连接是可以使用的最慢的传输方法。

2. 小型计算机系统接口（SCSI）。SCSI 需要特殊的 SCSI 连接。大多数 SCSI 扫描仪都配有一块专用的 SCSI 卡，可以将其插入电脑，以便将电脑和扫描仪相连接，但是您也可以用标准的 SCSI 控制器来代替它。

3. 通用串行总线（USB）。USB 扫描仪兼有速度快、使用方便和价格低廉的优点。

4. 火线。通常在比较高端的扫描仪中才会出现。火线连接的速度比 USB 和 SCSI 都要快。火线接口最适于扫描高分辨率图像。

扫描仪与电脑的多种连接方式如图 2-12 所示：

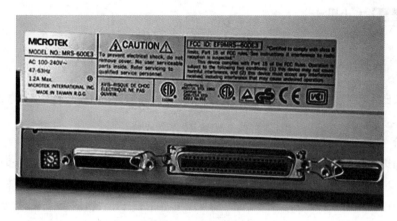

图 2-12　扫描仪的接口

（六）TWAIN 是什么

　　TWAIN 并不是一个首字母缩略词。它实际上源自英国诗人拉德亚德·吉卜林的诗句"Never the twain shall meet"（两者永不聚），因为驱动程序是软件和扫描仪之间的媒介。由于电脑用户觉得有必要让每个术语都变成一个短语的首字母缩略词，因此 TWAIN 就成了"Technology Without An Interesting Name"的首字母缩略词。

　　在您的电脑上，需要一个叫做驱动程序的软件，它知道如何与扫描仪进行通信。大多数扫描仪都使用一种通用语言，那就是 TWAIN。TWAIN 驱动程序在任何支持 TWAIN 标准的应用程序和扫描仪之间充当翻译员。这就意味着，应用程序无需了解扫描仪的具体细节就可以直接访问它。例如，您可以选择在 Adobe Photoshop 中从扫描仪获取图像，因为 Photoshop 支持 TWAIN 标准。除驱动程序以外，大多数扫描仪还带有其他软件。通常包括一个扫描实用程序和某种图像编辑应用程序。很多扫描仪都带有 OCR 软件。您可以使用 OCR 扫描文档中的文字，并将它们转换为计算机文本。它使用求均值的方法来确定字符的形状，并将它与正确的字母或数字相匹配。

　　所以说，扫描仪的简单工作原理就是利用光电元件将检测到的光信号转换成电信号，再将电信号通过模拟/数字转换器转化为数字信号传输到计算机中。无论何种类型的扫描仪，它们的工作过程都是将光信号转变为电信号。所以，光电转换是它们的核心工作原理。扫描仪的性能取决于它把任意变化的模拟电平转换成数值的能力。

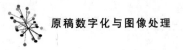

 小贴士

扫描仪的检测和日常使用保养

扫描仪已经成了我们日常办公和生活的必备产品。多了解一些扫描仪的使用保养常识有利于提高工作效率。

检测与评价

通常消费者在选购扫描仪产品的时候,往往只注意说明书上标注的技术指标,但是多少 dpi 扫描分辨率、多少 bit 色彩位数,已经不能完全反映一台扫描仪的质量好坏。下面以中晶科技公司出品的 Microtek 扫描仪为例,提供一些简单的方法,可以对扫描仪的感光元件质量、传动机构、分辨率、灰度级、色彩等性能进行简单有效的检测,以防止消费者因为贪图便宜而吃亏上当。

1. 检测感光元件:扫描一组水平细线(如头发丝或金属丝),然后在 ACDSee 32 中浏览,将比例设置为 100% 观察,如纵向有断线现象,说明感光元件排列不均匀或有坏块。

2. 检测传动机构:扫描一张扫描仪幅面大小的图片,在 ACDSee 32 中浏览,将比例设置为 100% 观察,如横向有撕裂现象或能观察出的水平线,说明传动机构有机械故障。

3. 检测分辨率:用扫描仪标称的分辨率(如 300 dpi、600 dpi)扫描彩色照片,然后在 ACDSee 32 中浏览,将比例设置为 100% 观察,不会观察到混杂色块为合格,否则分辨率不足。

4. 检测灰度级:选择扫描仪标称的灰度级,扫描一张带有灯光的夜景照片,注意观察亮处和暗处之间的层次,灰度级高的扫描仪,对图像细节(特别是暗区)的表现较好。

5. 检测色彩位数:选择扫描仪标称色彩位数,扫描一张色彩丰富的彩照,将显示器的显示模式设置为真彩色,与原稿比较一下,观察色彩是否饱满,有无偏色现象。要注意的是:与原稿完全一致的情况是没有的,显示器有可能产生色偏,以致影响观察,扫描仪的感光系统也会产生一定的色偏。大多数高、中档扫描仪均带有色彩校正软件,但仅有少数低档扫描仪才带有色彩校正软件。请先进行显示器、扫描仪的色彩校准,再进行检测。

6. OCR 文字识别输入检测:扫描一张自带印刷稿,采用黑白二值、标称分辨率进行扫描,300 dpi 的扫描仪能对报纸上的 5 号字作出正确的识别,600 dpi 的扫描仪几乎能认清名片上的 7 号字。

使用和保养

作为普通用户来说,不仅要购买一台质量过关、方便耐用的扫描仪产品,而且学会正确使用和进行简单的保养也是非常重要的。

1. 一旦扫描仪通电后,千万不要热插拔 SCSI、EPP 接口的电缆,这样会损坏扫描仪或计算机,当然 USB 接口除外,因为它本身就支持热插拔。

2. 扫描仪在工作时请不要中途切断电源,一般要等到扫描仪的镜组完全归位后,再切断电源,这对扫描仪电路芯片的正常工作是非常有意义的。

3. 由于一些 CCD 的扫描仪可以扫小型立体物品,所以在扫描时应当注意:放置锋利物品时不要随便移动以免划伤玻璃,包括反射稿上的订书针;放下上盖时不要用力过猛,以免打碎玻璃。

4. 一些扫描仪在设计上并没有完全切断电源的开关,当用户不用时,扫描仪的灯管依然是亮着的,由于扫描仪灯管也是消耗品(可以类比于日光灯,但是持续使用时间要长很多),所以建议用户在不用时切断电源。

5. 扫描仪应该摆放在远离窗户的地方,应为窗户附近的灰尘比较多,而且会受到阳光的直射,会减少塑料部件的使用寿命。

6. 由于扫描仪在工作中会产生静电,从而吸附大量灰尘进入机体影响镜组的工作。因此,不要用容易掉渣的织物来覆盖(绒制品、棉织品等),可以用丝绸或蜡染布等进行覆盖,房间适当的湿度可以避免灰尘对扫描仪的影响。

扫描仪使用常见问题

1. 打开扫描仪开关时,扫描仪发出异常响声。这是因为有些型号的扫描仪有锁,其目的是为了锁紧镜组,防止运输中震动,因此在打开扫描仪电源开关前应先将锁打开。

2. 扫描仪接电后没有任何反应。有些型号的扫描仪是节能型的,只有在进入扫描界面后灯管才会亮,一旦退出后会自动熄灭。

3. 扫描时显示"没有找到扫描仪"。此现象有可能是由于先开主机,后开扫描仪所导致,可重新启动计算机或在设备管理中刷新即可。

4. 扫描仪的分辨率与打印机的分辨率是否是一个概念? 应该怎样根据扫描仪的分辨率选购打印机?

扫描仪的分辨率的单位严格定义应当是 ppi,而不是 dpi。ppi 是指每英寸的 pixel(像素)数,对于扫描仪来说,每一个 pixel 不是 0 或 1 这样简单的描述关系,而是 24 比特、36 比特或 CMYK(1004)的描述。打印机的分辨率的 dpi 中的"d"是指英文中的"dot"(点),每一个 dot 没有深浅之分,只是 0 或 1 的概念,而对于扫描仪来说,1 个 pixel 需要若干个 4 种 dot(CMYK)来描述,即一点的色彩由不同的 dot 的疏密程度来决定。所以扫描仪的 dpi 与打印机的 dpi 概念不同。用 1 440 dpi 的打印机输出 1 : 1 的图像,扫描时用 100—150 dpi 左右的扫描即可。

5. 扫描仪在扫描时出现"硬盘空间不够或内存不足"的提示。首先,确认硬盘及内存是否够,若空间很大,请检查您设定的扫描分辨率是否太大造成文件数据量过大。

6. 扫描噪音过大。拆开机器盖子,找一些缝纫机油滴在卫生纸上将镜头组两条轨道上的油垢擦净,再将缝纫机油滴在传动齿轮组及皮带两端的轴承上(注意油量适中),最后适当调整皮带的松紧。

7. 扫描时间过长。检查硬盘剩余容量,将硬盘空间最佳化,先删除无用的 TMP 文档,做 Scandisk,再做 Defrag 或 Speed Disk。请注意:如果最终实际扫描分辨率的设定,高于扫描仪的光学分辨率,则扫描速度会变慢。这是正常现象。

活动二　原稿分类

活动任务　将客户那里获得的第一手稿件资料分类。

活动引导　原稿是印前复制的基础和依据。印前操作员通过对原稿的采集、分类、整理、数字化和分色制版,印刷最终得到复制品。原稿的种类很多,而一般的复制品都是油墨印在纸张上的印刷品。人们希望每张印刷品都有较高的观赏价值,但原稿的质量往往不尽如人意。这就要求印前操作员对原稿的种类及质量有所了解。

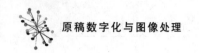

（一）客户可能提供的素材内容

1. 文字稿：可能是电脑文档、手写稿原件、打印稿、复印件或传真件，以及原样本中的文字等；

2. 磁盘（包括软盘、光盘、MO 盘、U 盘等）：可能包含一些数码照片、文字稿、对方自行扫描的图片，或者 AutoCAD、3dsmax 等软件制作的原文件；

3. 以前做的样本：客户可能会要求复制其中的某些图片或说明文字，或者要求达到原样的设计风格、色调、版式和印刷效果等；

4. 名片：包含企业名称、logo 和地址电话等必要信息；

5. 图片：照片原件、正片、负片、数码照片、印刷品；

6. 书画作品：有提供原件的，也有为了保护原件而提供照片的，或者是要求从印刷品中扫描需要的书画作品等；

7. 实物：包括一些小产品、零件等，有可能需要制作方拍摄，或者到客户单位去进行实景拍摄。

（二）原稿的类型

1. 实物原稿产品、零件等；

2. 数码图片原稿数码相机拍摄图片、磁盘、网上图片；

3. 反射片原稿照片、国画、油画、水彩画、水粉画、印刷品（彩色印刷品、打印后的文字稿、名片、黑白图案及书法文字类）；

4. 透射片正片（反转片，也称幻灯片）、负片（照片底片）。

可以发现，实际工作中可能遇到的原稿类型是很多的，其输入途径和方法也不完全相同，那么就需要根据拿到手的资料来进行分类操作，用合适的方法来完成一件印刷品。

详细的原稿种类及特点如表 2-1：

表 2-1 原稿的种类及特点

名　　称	描　　述	实　　例
反射原稿	以不透明材料为图文信息载体的原稿。	
反射线条原稿	以不透明材料为载体，由黑白或彩色线条组成图文的原稿。	照片、线条图案画稿、文字原稿等。
照相反射线条原稿	以不透明感光材料为载体的线条原稿。	照片等。

（续表）

名　称	描　述	实　例
绘制反射线条原稿	以不透明的可绘画材料为载体，由手工或机械绘(印)制的线条原稿。	手稿、图案画稿、图纸、印刷品、打印稿等。
反射连续调原稿	以不透明材料为载体，色调值呈连续渐变的原稿。	照片、画稿等。
照相反射连续调原稿	以不透明感光材料为载体的连续调原稿。	照片等。
绘制反射连续调原稿	以不透明的可绘画材料为载体，由手工或机械绘(印)制的连续调原稿。	画稿、印刷品、喷绘画稿、打印稿等。
实物原稿	复制技术中以实物作为复制对象的原稿。	画稿、织物、实物等。
透射原稿	以透明材料为图文信息载体的原稿。	
透射线条原稿	以透明材料为载体，由黑白或彩色线条组成图文的原稿。	照相底片等。
照相透射线条负片原稿	以透明感光材料为载体，被复制图文部位透明或为其补色的线条原稿。	黑白或彩色负片、拷贝片等。
照相透射线条正片原稿	以透明感光材料为载体，非图文部分透明的线条原稿。	黑白或彩色反转片、拷贝片等。
绘制透射线条原稿	以透明材料为载体，由手工或机械绘(印)制的线条原稿。	胶片画稿等。
透射连续调原稿	以透明材料为载体，色调值呈连续渐变的原稿。	照相底片等。
照相透射连续调负片原稿	以透明感光材料为载体，被复制图文部分透明或为其补色的连续调原稿。	彩色、黑白照相负片等。
照相透射连续调正片原稿	以透明感光材料为载体，非图文部分透明或为其补色的连续调原稿。	彩色、黑白照相反转片等。
绘制透射连续调原稿	以透明材料为载体，由手工或机械绘(印)制的连续调原稿。	胶片画稿等。
电子原稿	以电子媒体为图文信息载体的原稿。	光盘图库等。

 小贴士

什么是正片、负片？

彩色胶片可以分成两大类型，即正片(反转片)和负片。

1. 彩色反转片也称为正片(即幻灯片)。彩色反转片可以用幻灯机直接将影像投射到屏幕上或在观片灯箱上观赏，还可以直接冲洗照片，通常利用正片作为原片用来电分进行印刷的效果相当好。正片规格一般有8英寸×10英寸、4英寸×5英寸、120胶卷、135胶卷等规格。

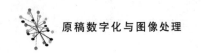

2. 彩色负片主要是供印放彩色照片用的感光片,在拍摄并经过冲洗之后,可获得明暗与被摄体相反,色彩与被摄体互为补色的带有橙色色罩的彩色底片。平时我们扫描的照片一般都是通过负片冲洗出来,有不少是非专业人士用傻瓜机等拍摄,这就给实际工作带来不少麻烦,包括颜色偏差、图片质量和层次不好等,所以如果希望拍摄的图片最终能在印刷品上完美地表现,最好还是请专业摄影师用专业级照相设备(必要的话还需要有摄影棚和辅助设备)来拍摄。负片规格一般分 120、135 等。

3. 彩色负片的英文品牌的字尾是 Color(彩色),而反转片的字尾是 Chrome(克罗姆),在英文标示的胶片盒上可以根据以上两个字尾来区别负片和反转片。

活动三 原稿扫描及正确存储

活动任务 根据原稿的不同类型进行扫描和存储。

活动引导 扫描仪是一种把模拟原稿转变成数字图像的输入设备,无论是作为网络传输的一种资源还是丰富印刷内容的一种需求,扫描仪扮演的角色十分重要。现在市面上流行的扫描仪主要有平板扫描仪、滚筒扫描仪、手持式扫描仪三种,当然对它们还可以进一步细分。对于扫描仪的操作,不仅要根据不同类型原稿对设备进行选择,还要对扫描模式或存储方式进行正确选择才能提高扫描质量。

（一）不同原稿的扫描方式选择

扫描仪的扫描程序一般都为我们提供了三种扫描方式:黑白、灰度和色彩。其中"黑白"方式适用于白纸黑字的原稿;而"灰度"适用于图文混排文件;"色彩"则适用于扫描彩色照片。

扫描方式也直接影响到扫描的速度和扫描后文件的大小,因此在扫描之前,我们应先根据被扫描的对象,选择一种合适的扫描方式,从而可获得较好的扫描效果。

1. 线条图的扫描

对线条稿,选择扫描色彩模式"LineArt",只需考虑区分黑色像素和白色像素的分界线,扫描时应该注意阈值(Threshold)的设定,即把原稿上什么色调的内容扫成黑,把哪些内容扫成白,使其在画稿最亮或最暗区域能保留足够的细节。一般以阈值=50%为标准值,如果测试扫描图过暗,则增加阈值,这样可将更多的灰边缘转换成白像素。如果测试扫描图过亮,则减少阈值,这样可将更多的灰边缘转换成黑像素。另一个要注意的问题是确定扫描分辨率。线条稿的扫描分辨率,应高于连续调图像的扫描分辨率。一般应在 600 dpi 以上才能使输出的线条锯齿很小,肉眼无法看清楚。图像分辨率太低,会产生锯齿。

2. 灰度图的扫描

对某些线条文字,也可以用 256 级灰度扫描,所扫描图像相对比采用 Line Art 模式光滑,而且对某些边缘处的灰度保存较好,扫入 Photoshop 中后可以视情况把它们调校到黑色。原稿为彩色,而要得到灰度图,获得好层次,最好用彩色扫描方式。因为彩色图饱和度高,层次丰富。如用 256 Shades of Gray 有可能丢失一些信息。用 RGB 模式扫描后,再在 Photoshop 转为 Gray,转换时可以选用某一个通道的信息进行转换。

3. 彩色原稿的扫描

彩色原稿质量较好,扫描彩色原稿时只要对各参数进行正确的设置即可。但对有缺陷的原稿则要视实际情况,在扫描时进行校正。对一些特殊的原稿要进行特别的处理,如彩报上的彩色图片扫描。彩报用的是新闻纸,所以它有不同于铜版纸印刷的特点。新闻纸空白处的密度值大约为 0.15—0.2,相当于铜版纸上 C:3%、M:4%、Y:10%左右网点的总和,因此新闻纸白的地方不白。由于新闻纸带有灰度且纸质松,油墨扩散大,吸墨性强,油墨的反射率低,所以在最深处即使给 100%的 K,仍然不够黑(即密度不够)。总之,新闻纸的反差小,只有 1.2 左右,这就决定了高光处应该 C、M、Y、K 四色都小面积绝网,在暗调处,四色应用适当的叠印总量(不低于 250)来加大反差。彩报不应将层次再现作为重点,应多用原色和间色,重用基本色而少用相反色或补色,使色彩鲜艳明快。对于肤色部分,应少用青版,以免发灰发暗,C、M、Y 三色油墨叠印总量也应有意识地相对降低。

4. 印刷品的扫描

许多印刷品存在玫瑰斑和龟纹,扫描后,玫瑰斑和龟纹更明显。一般扫描仪都有去网功能,去网实质是要将图像虚化。可以把龟纹去掉,而得到一个光滑的图像。因此遇到印刷品原稿时,一般要选择"Descreen"命令。扫描时去网,比扫描后在 Photoshop 中去网效果要好。有的印刷品的龟纹很严重,扫描中去网仍不能使图像光滑,需要在 Photoshop 中继续去网;有时去网后图像变得太虚,也可在 Photoshop 用"Unsharp mask"对清晰度进行强调。

5. 透射稿的扫描

透射稿有正片和负片两种,Positive Transparency 表示正片,Negative Transparency 表示负片。平板扫描仪一般是用透明玻璃将底片压住,光源从透明玻璃的上方照射原稿,通常玻璃不用加油就可以直接扫描。而滚筒扫描仪是用透明薄膜包住原稿两

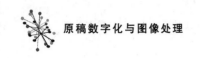

面上油的方法,而且有原稿架进行挤压抽空。负片和正片扫描的效果有所差别,目前扫描仪对正片的扫描效果要比负片理想,所以选择原稿时最好选择理想的正片,它比反射稿的清晰度好,层次丰富,色彩鲜艳,而且颗粒细腻,适合于大倍率扫描。

扫描透射原稿时,清洁扫描滚筒和平台可以减少牛顿环的产生。但如果仍然存在,可用装有玉米粉的喷粉器,远离扫描仪,将玉米粉从喷粉器中挤出,让它在空中散开,当大颗粒的粉粒落下后,拿住透射稿的一角,让它穿过喷粉区域,这样空中的细粉粒落在其上,可以达到消除牛顿环的目的。

6. 条码的扫描

同细小文字一样,条码扫描的分辨率要比一般印刷图像的分辨率更高些,要保证大于 600 dpi。另外扫描色彩模式设为 Gray 模式比较好,若用线条稿二值图像的话,可能会引起边缘锯齿。

（二）存储方式的正确选择

图像文件存储格式总体上可以分为两大类:一类为位图式图像文件;另一类称为矢量图文件,也称描绘类或面向对象类图形图像文件。位图式图像文件以点阵形式描述图形图像,非常适合表现照片、油画等色彩丰富的作品。最具代表的处理软件是目前非常流行的 Photoshop。矢量图文件是以数学方法描述的一种由几何元素组成的图形图像。矢量图不需要像位图一样记录图像中每一个像素的信息数据,所以它的所占的磁盘空间一般较位图小很多。另外由于对图像的表达细致、真实且缩放后图形图像的分辨率不发生任何变化,所以在专业级的图形图像处理中得到了广泛的应用。

具体说来,在图像的存储过程中最常用的又有 TIFF、EPS、JPEG 三种数据格式:EPS 和 TIFF 格式是桌面出版人员最感兴趣的两种基本格式;而 JPEG 格式,则影响那些多数时间在互联网或多媒体上工作的人们喜欢使用的。除此之外,还包括 PDD、PNG、SVG 等格式,但都不常用,并且使用时通常要转化为以上三种格式。

1. TIFF 文件格式

TIFF 是 Tagged Image File Format(标记图像文件格式)的缩写,是用来为存储黑白图像、灰度图像和彩色图像而定义的存储格式,现在已经成为出版多媒体 CD—ROM 中的一个重要文件格式。TIFF 位图可具有任何大小的尺寸和分辨率,并且在理论上它能够有无限位深。TIFF 格式能对灰度、CMYK 模式、索引颜色模式或 RGB 模式进行编码。它能被保存为压缩和非压缩的格式。几乎所有工作中涉及位图的应用程序,都能处理 TIFF 文件格式——无论是置入、打印、修整还是编辑位图。

在 TIFF 文件中,没有任何工具含有网屏处理指令。网屏处理由印刷 TIFF 格式文件的程序控制。如果想在保存位图的同时保存网屏处理指令,则必须使用 EPS 文件格式。但是 TIFF 格式能够处理剪辑路径,无论是 QuarkXPress 还是 PageMaker,都能读取剪辑路径,并能正确地减掉背景。

2. EPS 文件格式

EPS 为封装的 PostScript(Encapsulated Post Script)格式,是 Adobe 公司设计用于向任何支持 PostScript 语言的打印机打印文件的页面描述语言。EPS 文件格式可用于像素图像、文本以及矢量图形的编码。如果 EPS 只用于像素图像,挂网信息以及色调复制转移曲线可以保留在文件中,而 TIFF 则不允许在图像文件中包括这类信息。由于 EPS 文件实际上是 PostScript 语言代码的集合,因而在 PostScript 打印机上可以以多种方式打印它。创建或是编辑 EPS 文件的软件可以定义容量、分辨率、字体和其他的格式化和打印信息。这些信息被嵌入到 EPS 文件中,然后由打印机读入并处理。有上百种打印机支持 PostScript 语言,包括所有在桌面出版行业中使用的图像排版系统。所以,EPS 格式是专业出版与打印行业使用的文件格式。

3. JPEG 文件格式

JPEG 是最为常见的一种压缩图像文件格式。对于图像精度要求不高,需要存储大量图像文件的场合(网站),JPEG 是最佳选择。但切记 JPEG 是一种有损压缩文件格式,在存盘时会有一个压缩比(图像质量等级)的选择,若要求图像质量高请选择高质量(High8 以上)图像压缩方式,图像容量会相对较大;反之文件容量变小了,但图像质量也会大大降低。在 Format Option 中有 3 种选择:标准、优化和渐进。其中渐进方式是针对网页显示的,我们可以设置渐进显示的等级。JPEG 格式的主要不足之处也正是它的最大优点。也就是说,有损压缩算法将 JPEG 只局限于显示格式,而且每次保存 JPEG 格式的图像时都会丢失一些数据。因此,通常只在创作的最后阶段以 JPEG 格式保存一次图像即可。

4. PDF 文件格式

PDF 是"Portable Document Format"的缩写,属于电子文档格式,并在互联网上电子文件的传送、保存上被广泛使用。PDF 格式具有内置的压缩(JPEG, TIFF 的 LZW 和 CCITT 传真格式),一般由四部分组成,即一行字符构成的文件头、文件体、交叉体(交叉引用表)和一个文件尾。目前可以通过多种方式生成 PDF 文件,如 Adobe 公司的 PDF Writer 或 Acrobat 软件包。使用 Adobe Distiller,结合同名的可移植打印机描述文件,可以将 PS 文件转化成 PDF 文件直接打印。PDF 文件中的所有数据,如彩色图像、连续调图像、单色图像以及文字和矢量图,都能分别使用不同的压缩方式进行压缩,这也意味着 PDF 文件通常比原始的版式文件和图像文件更小。

　　扫描仪的使用方法还有很多,这里只是针对扫描不同种类原稿的注意事项进行了几点说明。至于具体的某种扫描仪使用方法,我们可以参考使用手册的说明。同理,图像保存过程也很重要,根据图像的用途来选择正确的保存格式,才能体现出扫描仪使用的效率与质量。只有真正掌握这些技巧才能扫描出真实、理想的图像。

活动四　扫描仪的分辨率与扫描比例设定

活动任务　根据不同的扫描模式和用途正确设置分辨率和扫描比例。

活动引导　如何设定正确的扫描分辨率呢? 经常有人认为应依照打印机的最大打印分辨率来设定扫描仪的分辨率。例如,要使用 600 dpi 的打印机,就以 600 dpi 作为扫描的分辨率。这样的观念,实际上只有在两种情形下能够成行:大家使用纯黑白模式扫描黑白线条或文字稿件;用真正的连续色调输出设备进行输出。若大家只是使用一般常见的彩色喷墨打印机输出,这样的做法则非常不适当。

　　目前即用做一般用途的平台式扫描仪,市场上也已出现了分辨率高达 2 400 dpi 的机型,而彩色喷墨打印机的打印分辨率也竞相攀上 2 400 dpi 及 2 880 dpi 的新高度。若大家真的使用 2 400 dpi 分辨率进行扫描,不知可否想过最后会得到多大的影像文档? 我们可由表 2-2 中获知,使用 2 400 dpi 扫描一张 4 英寸×6 英寸的彩色相片,大约需要 400 MB 的记忆容量,实际上,这并非一般电脑所能处理,何况对打印品质的提高也并无实质性的帮助。

　　扫描仪的分辨率与文档大小的关系如表 2-2:

表 2-2　扫描仪分辨率与文档大小的关系

原稿尺寸	扫描模式	100 dpi	300 dpi	600 dpi	1 200 dpi	2 400 dpi
4 英寸×6 英寸	彩色	0.72 MB	6.84 MB	25.92 MB	103.68 MB	414.74 MB
8.5 英寸×11 英寸	黑白	0.12 MB	1.05 MB	4.20 MB	16.83 MB	67.32 MB
8.5 英寸×11 英寸	灰阶	0.94 MB	8.42 MB	33.66 MB	134.64 MB	538.56 MB
8.5 英寸×11 英寸	彩色	2.8 MB	245.25 MB	100.98 MB	403.92 MB	1 616 MB

（一）黑白模式扫描图像分辨率的设置

纯黑白模式的扫描多用于扫描文字或黑白线条的稿件。扫描分辨率设置会受到稿件内容的影响，如文字的大小、线条的细密程度等。使用黑白扫描模式时，大家需要依靠经验积累来做出正确的判断。此外，也要充分考虑扫描图像的用途。以下法则可为大家提供一些参考意见。

1. 若扫描图像只是用做光学文字识别（OCR），通常情况下，300 dpi 已经足够。若是遇到字号较小、字迹模糊的文稿，可视具体情况将分辨率提高。

2. 若使用电脑传真，200 dpi 即可完全满足大家需求，普通传真机的分辨率也只有 200 dpi。

3. 若扫描稿件用来做电子邮件的附件，只要能让对方看清楚即可，分辨率可以进一步降低，先尝试 100 dpi，再视情况进行增减，但收件人若将图像打印或做其他用途，请参考下一项。

4. 需要打印的扫描图像，应视输出设备的分辨率及对图像品质的具体要求而定。对不做特别要求的图像，300 dpi 已经足够。如果大家希望得到最佳品质则可设定为与输出设备相同的分辨率。例如，大家如果使用 $600 \times 1\,200$ dpi 的打印机，扫描图像时分辨率应设定为 600 dpi。

（二）彩色或灰阶模式扫描图像的分辨率设置

彩色或灰阶模式的扫描图像，如按用途进行分类，可分为屏幕显示与打印输出两大类，不同的用途类别，扫描图像的分辨率设置自然不同。屏幕显示主要用于网页制作、桌面墙纸或屏幕保护等。打印输出是将扫描文件放大或缩小后进行打印，或用于图书、报纸或杂志中。

1. 屏幕显示用途的扫描仪分辨率的设置

如果纯粹作为屏幕显示而没有打印需求时，大家只要确实知道自己希望得到的影像宽度、高度各具有多少像素即可。如果扫描图像用做幻灯片或桌面墙纸，大家需要知道目前所用屏幕的分辨率如何，例如 $1\,024 \times 768$（XGA）、$1\,280 \times 1\,024$（SXGA）或 800×600（SVGA）。以下我们将用实例加以说明：

实例一：如果大家所需显示的图像大小为 800 dpi $\times$ 600 dpi，相片的扫描范围为 4×3 时，扫描分辨率应按如下公式设置。宽：800 dpi/4″ = 200 dpi，高：600 dpi/3″ = 200 dpi。因为大家如用 200 dpi $\times$ 200 dpi 进行扫描，效果最好。

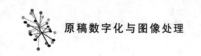
实例二:屏幕分辨率为 800 dpi×600 dpi,稿件的扫描范围大小为 5×4,同时大家希望用最大的屏幕画面显示出图像。宽:800 dpi/5" = 160 dpi,高:600 dpi/4" = 150 dpi。这时大家应用 150 dpi×150 dpi 进行扫描,以得到 750 dpi×600 dpi 的图像,确保全图能显示于屏幕为 800 dpi×600 dpi 的画面中。若使用 160 dpi×160 dpi 进行扫描,则会得到 800 dpi×600 dpi 的图像,超过了屏幕画面 800 dpi×600 dpi 的大小,无法在屏幕上以 1:1 呈现全图。

2. 打印用途扫描图像的分辨率设置

当扫描的图片用于打印时,大家不仅需要设定扫描分辨率,同时必需设定扫描缩放比例。在使用打印机做扫描图像放大打印时,由于打印机无法做到类似印刷机的满版打印,纸张的四个边缘通常会留有无法打印到的边界区域,因此大家最好能够在打印前预先查明其打印机的可打印面积。

(三)用做打印用途的图片扫描

由于用做打印用途的图片扫描,大家具体操作时需要考虑的因素很多,因此将从连续色调打印机打印、非连续色调打印机打印及印刷输出打印三个方面进行分别讨论。

1. 连续色调输出扫描图像分辨率的设置

所谓连续色调影像输出是指输出设备的每一个打印点(dot)都能表现出 24 比特色彩中的任何一种色彩,或是 256 灰阶中的任何一种灰阶度。真正的连续色调输出设备种类目前并不多,其中杰出代表为热升华打印机,至于我们常见的彩色喷墨打印机或激光打印机并非连续色调输出设备。扫描仪所扫描的彩色影像,每一点都能表现出 24 比特色彩中的任何一种,扫描仪本身即是一种连续色调的影像输入设备。扫印机与扫描仪的分辨率以 1:1 的方式对应,因此扫描仪的分辨率自然应该等同于输出设备的分辨率。大家需要注意的扫描要领为:扫描分辨率与打印机的分辨率应设置为等同;大家应根据希望打印图像的大小来调整扫描图像的缩放比例;注意扫描图片放大时不要超过最大可打印面积的大小。

实例:原稿面积为 4 英寸×3 英寸,300 dpi 的热升华打印机最大打印面积为 10 英寸×8 英寸,如果大家希望以最大面积进行打印,这时应该如何设定扫描图像的分辨率呢?大家首先应该根据打印机的分辨率,将扫描仪的分辨率设定为 300 dpi,然后决定缩放比例,4 英寸×3 英寸的扫描原稿放大时不应超过 10 英寸×8 英寸,宽:10/4 = 2.5 = 250%,高:8/3 = 2.67 = 267%,因为正确的缩放比例应设定为250%。当长宽的缩放比例不同时,大家应取较小数值,确保不超过打印机的最大打印面积。

2. 非连续色调输出扫描图像分辨率的设置

所谓非连续色调打印机,包括彩色喷墨打印机、激光打印机及喷蜡打印机。这些打印机所能打印的每一个最小点并不能表现出完整的 24 比特色彩。以 CMYK 四色打印机为例,每一个最小点仅能打出青蓝、洋红、黄、红、绿、蓝、黑七种颜色,再加上无需打印颜色的白色,共八色。大家在决定扫描图像的分辨率时,仍需考虑打印机的分辨率。这时大家应该注意的是,不要被厂商单纯的宣传规格所误导。目前市场上所谓打印分辨率高达 2 880 dpi 及 2 400 dpi 的超高精度打印机的标准打印分辨率应为 2 880×720 dpi 及 2 400×1 200 dpi,而实际上真实的分辨率应为 720 dpi 或 1 200 dpi。对于普通非连续色调的打印机,设定扫描分辨率时请将打印机的真实打印分辨率除以 4 或 3 即可。以 720 dpi 打印机为例,扫描分辨率可设定为 180 至 240 dpi 之间,即使扫描分辨率设置得再高,实际上,对打印品质的提升也毫无帮助。目前彩色喷墨打印机的配色模式各不相同,但最普遍的仍是传统四色喷墨及较高一级的六色喷墨打印机。有些喷墨打印机,每色墨水可在同一点上喷射多次,由此达到一个墨点上可配出多种层次色彩的效果。对于如此设计的打印机,大家可相应将扫描分辨率提高,但这种打印机毕竟与连续色调打印机有相当大的差距,将打印机的真实打印分辨率除以 3 或 2 已足够。

我们做一些试验,可以更正确地找出适合自己打印机的分辨率(打印机以 720 dpi 为例)。选择一张锐利度高、色彩种类及层次丰富的相片,将打印机的分辨率 720 dpi 除以 4 及 3,等于 180 dpi 及 240 dpi,大家分别以这两个分辨率进行扫描,然后将打印出来的效果进行比较。如果大家看不出两张图像的差别,表示 180 dpi 对该台打印机已经足够,大家甚至可以用更低的扫描分辨率(如 160 dpi)进行再一次扫描,如仍看不出差别,表示 160 dpi 已足够。若更低的分辨率可以看出差别,则表示 180 dpi 为最佳分辨率。如果 180 dpi 与 240 dpi 可以看出差别,大家则应该选择较高的分辨率。如果大家找到了最适当的扫描分辨率,将来凡是要使用该台打印机打印扫描图像时,扫描分辨率都应以此为准。

3. 印刷用扫描图像分辨率的设置

印刷用的分辨率单位为 lpi(line per inch,每英寸线数),而非大多数大家所熟悉的 dpi。印刷的品质实际上是由 lpi 决定的。lpi 数值越高,印刷品质越精细,网点也越小。扫描图像用做印刷用途时,大家必须知道 lpi 的具体数值,然后才能决定扫描的分辨率。一般情况,印刷精美的杂志大约是 175 lpi,普通印刷品的 lpi 值为 133—150,报纸则为 65—85。扫描分辨率习惯上是以印刷的 lpi 数值乘 Q 值（quality factor，品质系数）得到的。理论上 Q 值等于 1 即可，但实际上，提高 Q 值可为大家带来更好的印刷品质，因此专业印刷人员通常将 Q 值设定为 1.5—2 之间。但也并不是 Q 值越高越好，当 Q 值超过 2 时，对印刷品质就再无帮助。不过随着现代印刷技术的日益进步，某些特殊印刷已开始使用超过 2 的 Q 值。

用于印刷用途的扫描分辨率应设置为"印刷线数×Q 值"，然后进行放大缩小比例的调整。原稿的大小为 4×3，大家在打印时欲将原稿放大为 6×4.5 时（放大倍数为 150％），如果印刷线数为 150 lpi，Q 值为 2，那么扫描分辨率应为 150×2 = 300 dpi，扫描缩放比例设置为 150％。

（四）缩放比例的作用

前面已经提到，扫描参数中除了分辨率外，缩放比例也是十分重要的，但大多数使用者并不了解其作用的重要性。4×3 寸相片，要以 600 dpi 喷墨打印机放大为 8×6 寸打印，扫描分辨率应为多少？如依前面的标准算法，扫描分辨率应为 150dpi，缩放比例为 200％即可，但有人认为，既然要放大两倍，那么将原先的分辨率 150 dpi 乘以 2 就好了，无需再设定图像的缩放比例，操作过程由此变得简单。这样的想法看似非常有道理，但我们不妨先计算一下两种扫描设置方法各能扫描出多少的像素。

方法一：分辨率为 150 dpi，200％放大比例，4 英寸×3 英寸原稿。它的像素应为（150 dpi×4 英寸×200％）×（150 dpi×3 英寸×200％）= 1 200 dpi×900 dpi。

方法二：分辨率为 300 dpi，100％放大比例，4 英寸×3 英寸原稿。它的像素应为（300 dpi×4 英寸×100％）×（300 dpi×3 英寸×100％）= 1 200 dpi×900 dpi。

两种方法都可以得到的像素数均为 1 200 dpi×900 dpi，那二者到底有何不同呢？答案在于这两个影像内部资料中所记录的分辨率是不同的。一般影像文件格式如 TIFF、JPEG、PSD 等在存档时也会将影像的分辨率一并记录于文件中，如此才能准确判断一个影像在打印时或在插入于排版软件时所应该表现的正常尺寸。在方法一中所记录的影像分辨率为 150 dpi，方法二中所记录的影像分辨率为 300 dpi。二者的差异会在打印时表现出来，因为计算被打印机的面积大小是依据像素除以分辨率来决定的。

方法一：150 dpi，1 200 dpi×900 dpi/150 = 8 英寸×6 英寸（正确）

方法二：300 dpi，1 200 dpi×900 dpi/300 = 4 英寸×3 英寸（错误）

活动五　扫描装稿

活动任务　在 EPSON PERFECTION V700 扫描仪上对不同类型原稿的装稿。

活动引导　扫描仪是一种把模拟原稿转变成数字图像的输入设备,在印前制作岗位上,为了丰富印刷内容,需要对各种模拟原稿进行扫描输入,其中的首要步骤就是将普通文稿或较厚的文稿、照片、胶片、幻灯片等准确、可靠地放置在扫描仪的文稿台上,既能获得高质量的数字图像,又可以保护好专业扫描仪的文稿装置部件。我们以 EPSON PERFECTION V700 PHOTO 扫描仪为实例,进行扫描装稿。扫描软件采用随机所带的 EPSONSCAN。

EPSON PERFECTION V700 PHOTO 扫描仪外形如图 2-13 所示:

图 2-13　EPSON PERFECTION PHOTO 扫描仪

这款 EPSON 扫描仪可让您控制扫描的各个方面,包含下面三种模式:

1. 全自动模式。让您进行快速又方便的扫描,而无需进行任何设置或预览您的图像。此模式是 EPSON 扫描仪的默认设置。当需要以 100% 尺寸扫描图像并且扫描之前不需预览时,全自动模式是较佳的。单击自定义按钮可以翻新褪色的照片或去除照片上的灰尘。

2. 家庭模式。让您自定义一些扫描设置,并可使用预览图像查看扫描效果。当扫描之前想预览照片、胶片或幻灯片的图像时,家庭模式较佳。可以定义扫描图像的尺寸,调整扫描区域,并调整一些图像设置,包括色彩翻新、去除灰尘或背光灯校正。

3. 专业模式。让您对扫描设置进行完全控制,并可使用预览图像来查看扫描效果。当在扫描之前想预览图像并进行广泛详细的校正时,专业模式较佳。可以锐化,色

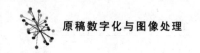
彩校正,使用全部列出的工具增强图像,包括色彩翻新、去除灰尘和背光灯校正。

(一) 文稿或照片装稿

1. 打开扫描仪文稿盖。确保文稿垫安装在文稿盖上。

2. 将文稿或照片面朝下放置在文稿台上。确保将文稿或照片放置在文稿台的右下角且与箭头标记对齐,如图 2-14 所示:

图 2-14　文稿在扫描仪上的放置

3. 在距扫描仪文台玻璃面水平和垂直边缘上 3 毫米(0.12 英寸)的区域是不能扫描到的区域。如果放置在文稿台上的文稿太靠右下角,可稍微往中间移动一点,避免不必要的裁切。

4. 如果您同时扫描多张照片,请将每张照片与其相邻照片之间至少距离 20 毫米(0.8 英寸)放置。

5. 轻轻地合上文稿盖,以免移动原始文稿。注意:应始终保持文稿台干净。请勿将照片放在文稿台上的时间过长，因为它们可能会粘在玻璃上。扫描完成的图片如图 2-15 所示：

图 2-15 扫描完成的图片

（二）放置大或厚的文稿

1. 当您扫描大的或厚的文稿时，可完全地打开扫描仪的文稿盖，使其平放在扫描仪的旁边。

2. 向上笔直地拉起文稿盖。

3. 向下放置文稿盖，使其平放在扫描仪的旁边，注意：当不使用文稿盖扫描时，请轻轻向下按住文稿使其平整。

4. 当您完成扫描时，重新将文稿盖放回原处。

（三）在支架中放置胶片

1. 取下文稿垫，要扫描胶片或幻灯片，需要从文稿盖上取下反射文稿垫。这样可露出透扫适配器部件窗口，使您能够使用它来扫描胶片或幻灯片，如图 2-16 所示：

2. 打开文稿盖，轻轻地向上滑动文稿垫可将其取下。

3. 在放置胶片或幻灯片之前，使用一块软布擦拭透扫适配器部件的窗口及以文稿台。

4. 在支架中放置胶片。

5. 打开 35 毫米胶片支架盖。

图 2-16　从文稿盖上取下反射文稿垫

（1）将胶片的光泽面朝下一直滑入到胶片支架中。胶片上的图像和任何文字将反向出现。

（2）应该用拿着胶片边缘或使用手套接触胶片，否则可能损坏胶片。确保位于胶片支架上的白色胶条以及其周围的区域没有划痕、灰尘以及任何覆盖物。如果这些区域变得模糊不清，在全自动模式中扫描时，扫描仪可能会出现胶片识别问题。不要盖住胶片支架上的小孔。

6. 合上支架盖，向下按直到听到咔嗒声。

7. 确保胶片按下面放置。

8. 在文稿台上放置胶片支架，确保胶片支架上带有胶片图标的小片插入到扫描仪上有相同图标的槽中。

9. 确保取下文稿垫。

10. 合上扫描仪文稿盖。

11. 当胶片扫描完成时，确保在扫描文稿或照片之前重新安装文稿垫。

（四）在支架中放置幻灯片

使用幻灯片支架一次最多可扫描 4 张 35 毫米的幻灯片。注意：不能扫描负片幻灯片。确保位于胶片支架上白色胶条以及其周围的区域没有划痕、灰尘、任何覆盖物。如果这些区域变得模糊不清，在全自动模式中扫描时，扫描仪可能会出现幻灯片识别问题。不要盖住胶片支架上的小孔。各类支架如图 2-17 所示：

图 2-17　各类幻灯片支架

1. 在文稿台上放置胶片支架，确保胶片支架上的带有幻灯片图标的小片插入到扫描仪上有相同图标的槽中。

2. 在幻灯片支架中放入 4 张 35 毫米的幻灯片且光泽面朝下。幻灯片上的图像反相出现。

3. 确保取下文稿垫。

4. 合上扫描仪文稿盖。

存放胶片支架：当不使用胶片支架时，您可以将它保存到扫描仪文稿盖内部。打开文稿盖，并取下文稿垫。将胶片支架滑入到文稿盖中。

安装文稿垫：可将文稿垫滑入到扫描仪文稿盖的凹槽中来安装文稿垫，插入时确保白色面朝外。

活动六　原稿分析与质量判断

活动任务　分析客户提供的原稿的质量，忠实再现原稿。

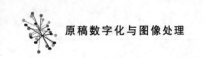

活动引导　操作者应具有一定的经验和原稿分析能力,才能根据原稿的实际情况进行扫描参数的设置,获得最佳的扫描质量,在实际操作时要特别注意避免任何参数都选用自动调整,那只能使图片质量平平,甚至达不到印刷要求。对于偏色的图片,若有丰富的校色经验,最好在扫描时就分通道进行校正,比起扫描完成后再在 Photoshop 中进行校正效果要好。

（一）对原稿的要求

在原稿中,彩色反转片占很大比例,而其中符合制版、印刷要求的原稿比例较小。由于原稿质量欠佳,在很大程度上影响了复制品的质量和制版设备的工作效率。

因此,对于原稿应注意下面五个方面的质量问题:

1. 原稿密度范围

原稿密度范围,是指原稿中最低密度和最高密度的差值。现阶段印刷品可达到的最大密度值 Dmax 为 1.8,印相纸图像可达到的最大密度值 Dmax 为 1.7,修整原稿的黑墨水的密度 Dmax 为 1.8,即原稿的所有密度在白纸上只能在 0.00—1.80 密度范围内再现,因此,原稿应有一个适应于制版印刷的密度范围。然而,彩色反转片的密度范围可达 0.05—3.0(甚至 4.0),印刷复制时必须对原稿的阶调进行压缩。虽然,用彩色桌面制版系统和电分机进行分色制版具有很多优越之处,但不是万能的,当原稿的密度范围过大时,扫描仪和电分机对超出密度范围部分的反应灵敏度下降,所得分色片层次较平。根据实践,原稿的密度范围为 0.3—2.1,即反差为 1.8 最为合适。彩色反转片原稿密度差控制在 2.4 以内。若原稿反差小于 2.5 复制时进行合理压缩,效果也较理想,若原稿反差大于 2.5,即使复制时进行阶调压缩,也会造成层次丢失过多,并极严重,效果欠佳(原稿最大密度与最小密度之差称反差)。

2. 原稿偏色性

拍摄彩色反转片过程中曝光不足或曝光过度,以及冲洗过程中的技术问题等,均会造成原稿偏色,原稿偏色通常有整体偏色,低调偏色,高调偏色和高、低调各偏向不同的颜色(即交叉偏色)等几种情况。要求三滤色片密度间差小 0.2。

3. 原稿层次

衡量复制品的质量有三大指标:层次、颜色和清晰度。以层次最为主要,如果原稿层次欠佳,就得不到高质量的印刷品。

正常原稿的层次应具备整个画面不偏亮也不偏暗,高、中、低调均有,密度变化级数多,阶调丰富特征。目前,不少彩色反转片,由于拍摄或冲洗问题而存在"闷"、"平"、

"崭"弊病。所谓"闷",即整个反转片密度过高,没有高光点,暗调和中间调接近而缺乏层次;所谓"平",即反转片最暗处密度不高,高调和暗调的密度差不大,反差小;所谓"崭",即反转片最暗处密度高,反差大,中、暗调层次损失过多。

4. 原稿颗粒度

反转片的颗粒粗细也是影响图像质量的重要因素之一。复制时,不同的缩放率对反转片的颗粒度要求不同,放大倍率越大,要求原稿颗粒越细越好。然而,目前反转片颗粒粗的现象很常见。在20倍放大镜下,可明显地观察到图像粗糙,使图像轮廓的清晰度和阶调的连续性受到影响。

反转片的颗粒粗细,主要取决于感光材料本身的颗粒结构类型与感光材料的冲洗加工。

5. 原稿的清晰度

图像的清晰度与许多因素有关,如感光材料、拍摄时的抖动、照相机镜头的解像度、被摄体的照明及观测条件等。

由此可见,要想得到高质量的复制品,原稿首先要标准化。根据印刷特点,标准原稿除了应具备原稿应洁净,无斑纹、划痕,几何尺寸稳定等常规要求外,还应该具备下列四点:

(1) 原稿的密度范围为 0.3—2.5;

(2) 画面色彩平衡,层次丰富,即有较大的可辨认的颜色的浓淡梯级变化数量。原稿立体部分的高、中调部分的层次梯级应完整、丰富。印刷用彩色反转片的最低密度 < 0.3,中密度值 < 2.6 的各梯级应齐全;

(3) 图像清晰度高;

(4) 彩色反转片对被摄物体的色相、饱和度和亮度还原基本一致,记忆色还原要准。原稿的中性灰区域经红、绿、蓝、紫滤色片测得的密度之差不大于 0.01—0.03。

(二) 原稿目测鉴别

在标准光源下,目测观察鉴别原稿。

1. 适用原稿:不必加工即可复制的原稿

(1) 原稿的密度范围为 0.3—2.8,高、中、低调层次丰富;

(2) 图像好,清晰度高;

(3) 颗粒细腻,图面干净清洁;

(4) 画面色彩平衡,色彩鲜艳;

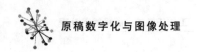

（5）复制时，放大倍率不超过 3—4 倍；

（6）反射原稿及图画原件要平整，无破损污脏。

2．非适用原稿：需经过大量修正和加工后才能复制且质量难以保证的原稿

（1）图像虚浑不实，有双影，清晰度差；

（2）颗粒细，图面污损；

（3）反差过大，调子过闷，淡薄；

（4）偏色，色彩陈旧；

（5）放大倍率超过 10 倍以上。

3．不能复制的原稿：应退稿的原稿

（1）图像严重虚浑，轮廓层次不清；

（2）颗粒过分粗糙，倍率放得过大；

（3）图面严重皱损、污染，图像有明显的脏点、道子、霉点等；

（4）严重偏色，色调完全失真。

（三）原稿数据测量

1．测量方法

原稿的密度数据，可用彩色密度计来测量，以三色光密度反差来表示。通过密度的测量，可以对原稿进行质量鉴别，及阶调、色调分析，达到印刷品复制质量的过程控制目的。

密度测量的作用与误差：对彩色原稿进行色光密度数据测量，包括测量图像总体阶调的密度反差，以便选定高光与暗调层次点，确定阶调复制范围；测量原稿颜色的三色平衡状态，以便纠正其存在的色调偏差，实现颜色复制的平衡再现；有重点地测量典型原稿的阶调层次密度分布状态，以便进行准确而有目的的层次复制调整设计。

就画稿而言，其一般没有偏色缺陷，稿子的差距也不大，因此只需测量其反射密度反差即可。所以原稿数据测量主要是对彩色正片、彩色照片作精细的三色密度测量。

原稿密度测量时，高光应选在最亮而又表现层次的一两个相邻层次点上，暗调应选在最暗与次暗的一两个相邻层次密度点上，以便对图像高光与暗调层次作不同取舍选定。中调应选在受光部位，背光部位有环境色影响，不易测准确。

在测量原稿密度之前，应在标准光源下目测判断一下原稿的整体色调状况。

首先，把表现光源颜色的原稿分离出来。这种原稿的高光与中间调受光层次，在其固有色基础上，都表现出与辉光点相同的光源包。其艺术色彩气氛是应当保留复制的，不应当作为偏色稿对待，只需测出其阶调密度反差即可。

其次，一般的彩色片的辉光点，不表现层次，应当是三色光、无密度差别的白色。其表现层次的高光点，如是原景物的中性色部位，彩色片上也应是中性白层次，如原景物是有颜色的部位，应只表现出其固有色色调。再查看中间调的受光部位，不论是单一色还是混合色彩，都应当表现出原景物真实的固有色，不直接受光的中间层次，表现出固有色与环境色的协调色调。这样的原稿，可视其为不偏色或基本不偏色，简易地测量其阶调层次密度反差即可。

其三，如不是表现光源色彩的原稿，其辉光点和高光层次都表现同样的色彩，而又不是明显的光源色。中间调受光层次又偏离了景物的固有色，不受光的中间层次，也不是固有色与环境色的协调色，两者都偏向同一颜色方向。最暗调不是中间性黑色，也不与环境色协调。这样的原稿。可判断为是有偏色的原稿，应进行偏色密度测量。

测量偏色原稿密度，可有三种方法：

第一种，如是拍摄彩色片时附有灰色梯尺，灰梯尺可反映图像阶调层次和色调的真实状况，可以直接测量灰梯尺各梯级的主色光密度，这是最简便而又准确的。

第二种，一般偏色较轻的彩色片，也可在图像中选取原景物是中性灰色的高光部位与中间调受光部位（不选背光部位），暗调应选在最暗层次。由于原稿偏色，这些层次就不是中性灰色了，测其三色光密度，可得出其偏色密度数据。但这种层次点不是经常都能在图像中找到的，判断也会存在误差。一般不宜用测量黑边框密度（指反转片）来代替暗调，因进框只受冲洗制约，而画面偏色则同拍摄与冲洗双重因素相关，两者是不一致的。

第三种，能适应各种偏色彩色片稿的灵活实用方法，是选取适当浓度的黄、品红、青补偿色片，与偏色原稿重叠，可以同时使用两种颜色，也可以对高、低调分别使用不同浓度、不同颜色的补偿色片。在标准光源下目测，直至判定图像整体色调（主要是主体层次与混合色调）十分正常。完全符合视觉艺术要求时为准。这时，可以找到接近中性灰色的高光、中间调与暗调层次点，即便是应该带颜色的高光与暗调，也可查出其因带色而多出的色密度。

之后，可单独测出偏色稿高光与暗调最多一色的色光密度，再测出所加补偿色片的色光密度——从最多一色的色光密度中减去另外一色或两色所缺少的色光密度，则得出颜色偏小的一色或两色的色光密度——这样，即可分别取得偏色稿的精确三色无密度反差。

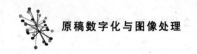

2. 原稿颜色质量状况分析

从原稿三色密度反差测量与三色密度曲线的描绘,可以较直观地看出不同原稿色调的真实状况。

彩色印刷复制工艺中最为流行的密度范围划分方法是,把原稿和复制品的整个密度范围分解成四段:把高光点(白场)和暗调点(黑场)之间的整个密度范围划分成亮调(又称为高调)、中间调和暗调三段,并把小于高光点密度的区域称为极高光。也有将密度范围分为五段的,此时除将密度范围分为上述四段外,还将比暗调密度更高的区域称为极暗。

原稿的三色密度与反差基本是相同的,说明原稿不偏色,色调基本正常。如果阶调齐全,层次丰富,分布合理,即使总反差略有差别,都可算是正常原稿。其颜色复制可按正常的色误差数据进行校正,侧重点则放在阶调层次复制方面。

原稿的三色密度高低不同,说明偏向某一颜色,但三色密度的反差基本相等,是均衡偏色,多为色灰雾所致。这种偏色稿,一般阶调层次还较好。可以用改变分色图片高、低调三色网点记录设定,并配合中调层次调整,使三色版图片达多全阶调即到灰平衡再现,来消除图像偏色。但最好是根据三色密度曲线,设计出调整三色灰平衡的层次复制曲线,能使全阶调的色调得到统一纠正。

原稿的高光三色密度差距较大,暗调端三色密度接近相同,偏色主要表现在高调区端,对图像的高调层次复制不利。这种偏色情况,虽然可以直接简单地用原稿偏色高光点,作分色机的白场平衡与输入定标,改变分色机的输入平衡,但校色信号也改变了,应保留的高光色也失掉了,数据往往不准确。最好是根据三色密度曲线,推导设计出三色版的层次复制曲线,改变分色图片高光三色网点的记录设定,准确地纠正高调偏色。

原稿的高光三色密度基本一致,只有暗调端的三色密度不同,密度反差也不等,只在中至暗调表现明显偏色。暗调层次略有损失,中高调层次正常。可以用改变分色图片暗调三色网点记录设定,或附加某色的全调底色去除(只对混合复色有作用),来消除三色记录图片在暗调端的偏色。最好也由三色密度曲线推导设计出调整灰平衡的三色层次复制曲线,能按准确数据纠正其偏色。

原稿三色密度曲线是交叉的,其图像高调偏向一种颜色,而暗调端则偏向另一颜色,这是感光片本身三色平衡失调而造成的交叉偏色。其各级阶调层次都不良,在扫描仪和分色机上直接用改变三色层次调整与记录设定来纠正其偏色就不容易,必须依据其三色密度曲线,推导设计出精确的调整灰平衡三色层次复制曲线,指导其三色层次调整与记录设定,方能使其复制效果稍有改善。偏色密度差距在 0.2 以上者,一般就难复制。

当遇到偏色较严重、三色密度差较多的偏色原稿时,除测出其高光、暗调三色密度外,最好要加测中间调原景物应是中性灰色的三色密度,这种色稿,需要以三色密度曲线为基础,推导设计出准确的调整灰平衡三色层次复制曲线,才能在桌面系统和分色机上进行偏色调整。

偏色明显的原稿,不仅对其三色密度数据测量要求十分精确,而且对其进行分色复制时,首先要考虑偏色的纠正,其三色版的层次复制,既要使原稿色调的三色平衡得到调整,又要对其层次作出再分配调整,应作为重点设计。其色彩复制误差的校正,要在三色版调整到印刷灰平衡的数据基础上进行。还由于偏色稿颜色信号的改变,校色数据也随之改变,这需要以补偿色片消除偏色后的图像色彩及色谱色彩组合数据为依据,最后进行色误差的校正。

3. 原稿层次状态分析

彩色画稿、印刷品稿及照片等反射稿,层次密度反差较接近。而彩色透射稿的总体密度与层次反差,却差别很大。密度反差在 1.8—2.4,为中常原稿,大于 2.4 为高反差稿,低于 1.8 为低反差稿。起始密度以 0.3—0.5 为正常,高于 0.5,不论其反差大小如何,均为曝光(或者显影)不足所致,是发闷原稿。反差低于 1.6,而起始密度又低于 0.3,是曝光(或者显影)过度所致,是淡薄原稿。

彩色透射稿的总体密度与反差高低,与原稿拍摄的光照条件、曝光量及显影处理有密切关系,图像表现在感光特性曲线上的区段位置就不同,各层次密度对比差别也随之改变,其层次的分布状态各异。

图像层次反差的大小,在复制时是可以作密度范围压缩调整的,起始密度的高低,也是可以通过高光密度设定及记录设定的调整加以改变的。而原稿图像层次的分布状态,是否能满足艺术要求,则需要在复制中作层次反差压缩的同时,对层次分布作再分配调整。原稿层次分布的描绘与分析,对层次复制的再分配调整,是至关重要的,是层次复制设计的首要依据。

景物的明暗变化关系是复杂的,其图像的层次分布,同密度反差没有固定的数据关系。一般情况下,按原稿密度大小、色调孟塞尔新标系统厚薄情况分,可把原稿分成三类,扫描分色时把它调整到最佳视觉明度。

1. 曝光正常,密度反差标准其主体部分都处在亮调、中调,它与明度之间成正比,

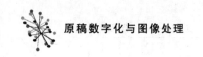

属于最佳视觉明度范围,这类原稿黑白场定标按标准密度值设定,则原稿上的亮、中调全部信息在扫描分色片上能再现出来。

2. 中常反差原稿低密度在0.3—0.5,高密度在2.4—2.8,反差中常,接近标准的原稿,图像的高、中低调层次都能表现在感光特性曲线的直线部分,中间调层次丰富,主体层次在中亮调,层次密度等级差和原景物成比例,色调一般也较正常,在对原稿阶调反差(DA)压缩的同时,按接近标准的阶调层次再现曲线进行层次调整,能达到良好的复制效果。

3. 高反差原稿高光密度不高于0.4,而最高密度却在3.0以上的原稿,多是原景物明暗对比差过大,一般中间阶调层次丰富齐全,最亮与最暗层次面积比率并不大,也多不是主要层次,只是高、低调密度突跳,加大了反差。

这类原稿,在作高光与暗调选定时,一般可舍去两端次要层次,以减小其阶调复制范围。其层次复制再现曲线,根据图像层次分布曲线不同,作变化调整设计。

4. 低反差原稿阶调反差在1.7以下,高光密度在0.3以下的色调淡薄原稿,多由于拍摄曝光过度或首显影过度所致。其主体部分偏亮、偏薄,明度高,处在明度新标系统的7、8级,亮中调大部分层次落在负像特性曲线的肩部,亮调层次丰富,但密度级差都很小,且占面积比例大。需要加深复制,以降低明度,向标准明度靠拢。

这类原稿,需加强亮中调的层次复制再分配,黑白场定标密度值要小些,亮、中调的层次曲线应稍作加深,以达到较好的层次反差和视觉明度效果。应根据其层次分布曲线形状,区别其主体调在亮调或是中调密度范围。同时,还需使用加深和加长的黑版阶调来作补充,使复制再现画面中间调层次深于原稿的层次分布,满足视觉心理对画面的艺术要求。

5. 高光密度在0.5以上,甚至超过1.0的厚闷原稿,多由于拍摄曝光或者显影不足所致,使图像暗调层次大部分落在了负像特性曲线的趾部及直线下半部。这类原稿主体部分偏暗偏深,处在明度新标系统的2、3级,亮调层次少,中暗调层次丰富而级差平软,且面积比率很大,主体调也多落在中调密度范围内,需要减浅提高复制,以提亮明度,向标准明度靠拢。

这类原稿的复制,黑白场定标密度值要大些,中、暗调的层次曲线应稍作减浅,应当使其包括主体调在内的中亮调层次得到较亮的再现,才可再现画面明朗,而且也强调了中暗调的层次级差,以达到较好的阶调反差和视觉明度效果。

6. 一些中高密度反差的原稿,中调层次较少,密度级差较大,而高低调层次较多较平缓,如逆光拍摄的彩色片。为了使这类图像主体调的层次明暗协调,其阶调层次复制应取为再分配趋向,可以取得较好的复制再现效果。

 小贴士

了 解 密 度 计

密度计是印前、印刷生产过程中最为重要的质量控制工具之一。色彩复制的准确性、一致性,以及多数工作流程的质量控制,都有赖于密度计测量。实践证明:有效地使用密度计,是实施印刷复制工程的标准化、规范化、数据化质量管理的有力工具。因此,应尽快采用密度计进行质量管理来替代旧式的经验管理,从而把企业的质量管理推进到一个新的高度。

密度计的种类

密度计分为透射和反射两种。透射密度计主要用于测量透射原稿的密度、照排输出胶片的密度和网点百分比,并用于照排机的线性化作业;反射密度计主要用于测量反射原稿密度和打样、印刷品样张的各种颜色的实地密度和网点面积、网点增大、叠印、印刷反差、色调偏差,以及测量、计算油墨的三大特性,即色偏、带灰、效率。随着科学技术的飞速发展,密度计也在不断更新换代。目前国外制造的密度计种类和型号繁多,如美国爱色丽公司的新型密度计 X—Rite 500 系列分光反射密度计,增加了许多功能,不仅可以测量密度,还可以测量不同颜色空间的色度值、色差值、网点面积、K值、叠印率、色误差和灰度,还可以和计算机联机,对测量数据进行处理等,如图 2-18 所示:

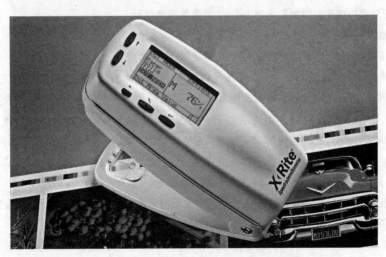

图 2-18　X—Rite 500 系列分光反射密度计

一般情况下,密度计型号的第一个英文字母表示密度计特性,如 T 代表透射,R 代表反射,D(M)代表密度计,O 代表网点面积测试仪,TR 代表透射、反射两用,OT 代表网点面积透射密度计,TD 代表透射密度计,RD 代表反射密度计。密度计型号后面的阿拉伯数字是该密度计的产品序号。

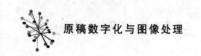

国产密度计的型号有两种：第一种为 CMF，代表彩色反射密度计；第二种为 CMT，代表透射密度计。

密度计的测量原理

密度计的测量原理和印刷人员目测检定原理极为接近。光电密度计的工作原理是通过光源、滤光器形成光路，从而将所测样张的光量透射或反射到接收器上，接收器将透射或反射过来的光线按强度不同转换成相应强度的光电流，在模数转换之后，再通过数码显示器显示出来，从而得到透明胶片或反射印品的密度值。

（1）反射密度计的测量原理。

稳定的照射光源通过透镜聚焦而照射到印刷品表面，其中一部分光线被吸收，吸收情况取决于墨层厚度和色料密度，未被吸收的光线由印刷纸张表面反射。透镜收集与照射光线成 45°角的反射光线，并传送到接收器，接收器将接收到的光量转变为电量，电子系统将此测量电流与基准值（绝对白色的反射量）进行比较，根据该比较值计算所测量墨层的吸收特性，测量结果以密度单位显示于屏幕上。

（2）反射率与密度的关系。

反射密度计测量反射率，然后运用以下公式计算出密度值：反射率 ＝ 反射光/入射光，密度 ＝ lg（1/反射率）。

密度计的校正

密度计在使用前，首先要在随机配备的标准白板上校正调零。标准白板是一个较为理想的完全白色的硫酸镁反射表面，将密度计调零意味着把密度计调整到标准的低密度值。

密度计调零后，有时还要调节密度计的斜率或高密度值，也称全面校正。全面校正时密度计需要对黑筒或黑暗空间进行测量，使高密度值与黑筒或黑暗空间密度相等。高、低密度的校正，确定了密度计输出值的量程范围，如 0—3.00 D 或 0—3.50 D 范围等。

密度计的校正周期可根据使用情况而定，一般应每天校正一次。注意校正前要确保校正白板干净清洁，校正后要将校正白板放在干燥无尘处，并避免阳光照射。

密度计测量油墨特性

用反射密度计测量、计算油墨的三大特性，即色偏、带灰和效率，有很大的实用性。一是用于测试购入油墨的品质及其稳定性。由于当前油墨品种多，每批生产的油墨质量不稳定，存在色偏、带灰成分不一致等现象，造成印刷颜色不能准确还原。二是测量油墨能够为印前图像色彩处理提供准确的数据。例如，现在大多数印刷厂用的品红墨是洋红墨，墨色偏黄，用其组成大红墨（M100% ＋Y100%），会偏黄，因为洋红墨里偏 Y50% 多，若将配方比改为 M100% ＋Y90%，则能正确再现大红色。又如设置紫色（C100% ＋M100%），结果印品的紫色会变黑，因为洋红墨偏黄，青墨偏红，若将配方比改为 C90% ＋M75% 或 C90% ＋M80%，则紫色就显得鲜亮。

在进行图像色彩处理之前，必须首先了解该产品所用油墨的色偏、带灰等特性，在设置色彩时加以补偿。油墨的测量、计算方法如下：

黄、品红、青是三原色油墨，分别是色光三原色蓝、绿、红的补色。理想的三原色油墨应该吸收可见光光谱中 1/3 的光谱段，反射另外 2/3 的光谱段，但是，实际上这种理想油墨是不存在的，由于油墨对这两部分光的吸收情况不一致，结果产生了灰度；而且，两种反射光已经不再相等，色调也产生了变化，这就是油墨的色偏差。至于带灰，可以理解为该种彩色油墨中含有的黑墨成分，色偏和带灰能帮助监控油墨纯度。效率是表示油墨的纯度，即原色油墨的色偏程度。带灰成分少，墨色的纯度就高，效率就高。一般 Y 墨的色偏、带灰最少，效率最高。计算公式：

$$色偏 = [(M-L)/(H-L)] \times 100\%$$

$$带灰 = (L/H) \times 100\%$$

$$效率 = [1-(L+M)/(2 \times H)] \times 100\%$$

其中,L 为 R、G、B 滤色镜中所测得的最低密度,M 为 R、G、B 滤色镜中所测得的中间密度,H 为 R、G、B 滤色镜中所测得最高密度。

密度计测量色彩的优点

(1) 色彩受人们视觉主观的影响很大。每个人对颜色的感觉都不同,密度计测量可提供一个客观的分析,克服因人而异的弊病,从而统一了大家对墨色深浅判断的标准。

(2) 光源和环境对视觉测色影响极大。在窗内与窗外看色不一样,在印刷车间与办公室看色不一样,而用密度计测量,则不受环境影响。

(3) 保证打样及印刷生产质量。密度计测量在打样、印刷中非常重要,在生产过程中,颜色密度深浅受多种因素影响而有了密度标准。通过测量,可以有效控制密度的深浅变化,从而保证墨色深浅的一致性和稳定性。

(4) 打样、印刷制定质量标准,采用密度计进行数据化管理,可以提供不同地区、不同厂家的印刷作业人员监控生产过程,达到墨色深浅一致的效果。

(5) 颜色档案。实现数据化已成为印刷质量管理的前提,制定的标准颜色数据可以记录档案加以保存,供下一批印刷时调出使用,这就避免了保存的样张在过一段时间后,由于样张颜色退色而造成每批印刷颜色不一致。

活动七 图像扫描的定标原则

活动任务 掌握不同原稿的扫描定标。

活动引导 印刷最基本的工作就是对颜色的复制,而颜色又常常是通过图片来表达的。图像扫描就是将图片上的颜色信息通过扫描设备转换为可存储和可编辑的数字信号,然后再通过图像处理软件、排版软件等应用软件对这些数字信号进行处理。因此,能否对图像进行准确的高质量的复制,也就是尽可能地保留原稿上的阶调、层次、反差和饱和度等信息,是衡量图像扫描质量的基本标准。印刷原稿可分为反射稿[反射原稿(reflection copy),是指以不透明材料为图文信息载体的原稿]和透射稿[透射原稿(transparent copy),是指以透明材料为图文信息载体的原稿]两种。其中,反射稿分为照片、印刷品、手绘稿和打印稿等等;透射稿分为正片和负片。由于每种类型的原稿都有它不同的特性,所以在扫描定标时要充分考虑到每种原稿的特点。

扫描图像时对图像阶调的定标直接关系到最终图像的色彩组成及阶调分布,因此定标对图像的质量有着很大的作用。一般定标大致分为两种方法:全阶调定标和特征

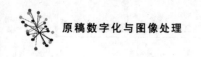

阶调定标。下面分别介绍。

（一）全阶调定标

利用扫描仪所能识别的最大密度范围来扫描图像,这就是全阶调定标,这必须要求原稿的黑白场密度落在扫描仪的范围之内,这样才能保证图像阶调的正常分布。这种定标方法没有区别各种原稿的阶调特点,属于低等次的扫描,扫描后还需进一步从新设定黑白场。

（二）特征阶调定标法

特征阶调定标法就是为区别各原稿的黑白场及中间调特征数据,在扫描时对其阶调范围、色彩特征以及校正等做统一考虑,使得扫描后的图像一次完成,而无需其他处理。在进行定标时,有以下规律可循:

（1）白场。要求区分图像中极高光与亮调有层次的部分。极高光是不能定标为白场的,否则图像高调会偏暗。正确的做法是交将亮调有层次的部分(即数字图像中数据起始点作为定标白场,白场是一个点或很小的面,大面积的区域是不能做为白场的)。白场的数据量可根据图像的具体情况而定,没有统一的标准,大多数情况下可设定为(C5 M3 Y3)(大多数印刷公司能印刷的最小网点是 3%),好一点的印刷条件可设定为(C4 M2 Y2)。

（2）黑场。根据原稿中暗调部分的层次多少及重要性,确定扫描时黑场定标是后移还是前移。后移是指将定标值定到最暗处(及至定到图像的外边)以拉开暗部层次,使图像中黑色层次得到充分表达。前移是指将黑场定到有层次的次黑部分,压缩暗调层次,中间调层次变深,饱和度提高,整幅图像变暗。注意黑场定标的数据应在灰平衡设定,也要根据公司的具体情况而定,一般定为(C95 M85 Y85 K80)或(C85 M75 Y75 K75)。

（3）阶调组成。根据原稿内容的不同选用不同的底色去除。

（4）灰平衡。定标时考虑灰平衡,严格按灰平衡的颜色值能够起到稳定全图色彩,避免偏色的作用。对部分反转片,可用图像外边的黑边框作为暗场,使定标数值后移,拉开图像的暗调层次。

（三）黑白场定标

1. 黑白场定标的重要性

正确的白场、黑场选点,是再现原稿颜色、层次的关键,只有在正确合理的基础上,才能有效地进行颜色层次的调整,否则一切都是盲目的。在设定黑白场时,要充分利用纸张的白度和四色油墨叠加的最大密度来达到印刷密度的反差和视觉上的明暗对比,在定白场时尽可能把图像中的极高光设定为0%,从而表现出印品高光的明亮度,同时又能兼顾好高光高的层次。黑场选点和设定一定要根据印刷适性条件,尽可能把图像中的最暗部分设定为印刷能印出来的最大值。同时要充分利用黑版,拉开暗调层次,加强反差,从而表现出印品暗调力度,这是提高印品质量的关键之一。

2. 白场选点、设定对印品质量的影响

有三种情况:

(1)白场选点与网点值设定正确,原稿图像上的亮、中间调信息能全部正确再现出来。

(2)白场采样点设定的密度值过低则印刷品全阶调过平,颜色过深,白场不亮,给人灰平、沉闷的感觉。

(3)白场采样点设定的密度值过高则印刷品的高、中间调层次拉得较开,反差过大,原稿上需要层次的白场部分在印刷品上变成了绝网,致使白场层次损失。

3. 白场选点、设定要素

(1)白场一般要选在极高光、最亮部分或次亮部分中的一个(具体要根据具体情况)。

(2)设定在图像中需要层次的最白部分,对应印刷能印出来的最小网点(3%)。

(3)遵循灰平衡网点值比例。

在高光中性白部分,c的值要大m,y的值2%—3%,否则会出现偏色现象。

4. 黑场选点、设定对印品质量的影响

有三种情况:

(1)黑场选点及其密度值设定正确,印刷最大网点值设定也正确,则原稿上暗调、中间调的全部信息都能正确传递到印刷品上。

(2)若黑场密度值设定过小,暗调网点值设定过大,则暗调颜色较深层次并级、损失,印品反差过大。

(3)若黑场密度值设定过大,暗高网点值设定过中,则暗调颜色较浅,中、暗调层次较平,印品反差小。

5. 黑场选点、设定的要素

(1)黑场采样点选择方法。

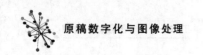
一般黑场采样点都选在原稿暗调部分的中性黑部位,但由于人眼对暗调变化的识别能力差,往往找不到中性黑色部位,经常出现以下两种差错:把物体的深暗阴影、次黑部分当作黑场采样点,设定大网点值,结果造成印品暗部一团黑,没有层次感;把物像暗部的偏色部位作为采样点,如偏蓝,C版设95%,而黑版只有50%—60%,这样就造成黑版太浅,印品反差不足,暗部不暗,无力度。

正确的方法是:选分析原稿图像最暗最黑的部位,以此部位作为图像的最深、最暗部分,设定其为最大网点值;同时,黑场采样点应尽量选择中性黑或接近中性黑的部位,最好是选择黑色物体,这样CMYK色版的网点值比例才能达到最准确。

(2)根据印刷工艺和印刷适性条件,确定基础黑。

基础黑是印刷机能够印出的最大网点值,在需要层次的暗调部分,设定为印刷机能够印出的最大网点值,称为基础黑的设定。

基础黑与印刷适性是相关的:

● 高级涂料纸:C95%—98%,M\Y85%—88%,K75%—80%,总和340%—360%;
● 一般涂料纸:C93%—95%,M\Y80%—85%,K70%—75%,总和320%;
● 胶版纸:C85%—90%,M\Y75%—80%,K75%—80%,总和300%。

6. 黑白场定标的方法

(1)自动定标,许多扫描软件都有自动定标的功能,但这种方法通常有不可取的,往往需要采取手动的方法来定标。

(2)灰梯尺定标方法,扫描时将灰梯尺做为参考样点,灰梯尺中的某两级分别做为白场和黑场,这种方法属于全阶调定标法,没有考虑原稿的阶调特性。

(3)白色块、白相纸白场定标法,透射稿用透射色标中的白色块,彩色照片用相约白边或白块,印刷品用相同厚度的平滑光洁的白纸。这样的好处在于白相纸白色较纯净,呈中性色,能精确地再现原稿白场白色中的细微颜色层次的变化。

(4)黑边框、黑相纸、黑场定标法,若透射稿中的暗调与黑边框相接近,即可用黑边框做为采样点。彩色照片则可用黑色相纸做为采样点。

项目二　数码摄影

工作情景　小王在工作岗位上经常碰到客户印前提供的设计素材很少的情况。许多需要使用的设计素材如企业各种产品资料、宣传资料、企业建筑外观形象等,都需要他直接去企业生产现场解决,数码相机便是重要的素材获取工具之一。它具有方便快捷、所见即所得、器件稳定、摄影成本接近于零、可直接输出、便于处理和传输等优点,使得从拍摄到输出所用时间比传统摄影大大缩短,且可轻而易举创作出传统暗房技术难以实现的特别效果。但由于它的影像质量不太令人满意,即使是 600 万像素的高精度数码相机的影像质量才刚好相当于传统 135 相机的质量而又不及高档 120 专业相机,另外,数码相机的种类繁多以及摄影技术的好坏,直接影响到小王拍摄设计素材的质量。因此,除了利用高精度的相机进行拍摄外,还要不断提高摄影水平,今天小王通过下列活动来了解数码摄影基础和掌握摄影技巧。

活动一 数码摄影输入原稿

活动任务 学习摄影基础,了解摄影技巧。

活动引导 随着数字技术的不断发展,图像复制中的数字图像越来越多,特别是数码相机拍摄的图像已经广泛地应用在彩印制版领域,客户来稿大多数是设计公司制作好的电子文件,其中有许多的图像是数码相机拍摄的,而传统的模拟图像越来越少,从而带动了图像处理方式的改变。通过网络和借阅相关的专业书籍,小王开始对数码摄影有了基本的了解,其中的专业知识和技能训练也是一门专业学科。

用于复制的数字图像与传统的模拟原稿,经过扫描、数字化之后,获得的数字化图像不同,因此要真正了解数字化图像的特点,才能有一个正确的处理方法。数字图像是指图像信息以数字信息的方式储存在电子载体上的图像。数字图像的获取目前主要是通过数码相机拍摄,或者直接从光盘图库以及网络中获得。

数字照相图像是利用数码相机直接将原景物中连续变化的明暗层次的影像,以离散化的数字信号形式记录在磁盘上而获得的。其特点是数码相机的色彩管理系统可以做到数字图像信息无损失地传递给计算机,而且具有再现性好、精度高、灵活性大等优点,这就给我们印前图像处理提供了良好的基础。

(一)数码照相机的类型

根据数码相机最常用的用途可以简单分为:单反相机、卡片相机、长焦相机。

1. 单反相机

单反数码相机指的是单镜头反光数码相机(digital single lens reflex,简称 DSLR)。目前市面上常见的单反数码相机品牌有:尼康、佳能、宾得、富士等。佳能 EOS 5D

Mark Ⅱ单反数码相机如图 2-19 所示：

图 2-19 "无敌兔"：EOS 5D Mark Ⅱ

工作原理：

在单反数码相机的工作系统中，光线透过镜头到达反光镜后，折射到上面的对焦屏并结成影像，透过接目镜和五棱镜，我们可以在观景窗中看到外面的景物。与此相对的，一般数码相机只能通过液晶屏幕或者电子取景器（EVF）看到所拍摄的影像。显然直接看到的影像比通过处理看到的影像更利于拍摄。

在单反相机拍摄时，当按下快门钮，反光镜便会往上弹起，感光元件（CCD 或 CMOS）前面的快门幕帘便同时打开，通过镜头的光线便投影到感光元件上感光，然后后反光镜便立即恢复原状，观景窗中再次可以看到影像。单镜头反光相机的这种构造，确定了它是完全透过镜头对焦拍摄的，它能使观景窗中所看到的影像和胶片上永远一样，它的取景范围和实际拍摄范围基本上一致，十分有利于直观地取景构图。

主要特点：

单反数码相机的一个很大的特点就是可以更换不同规格的镜头，这是单反相机天生的优点，是普通数码相机不能比拟的。

另外，现在单反数码相机都定位于数码相机中的高端产品，因此在关系数码相机画面质量的感光元件的面积上，单反数码的面积远远大于普通数码相机，这使得单反数码相机的每个像素点的感光面积也远远大于普通数码相机，因此每个像素点也就能表现出更加细致的亮度和色彩范围，使单反数码相机的摄影质量明显高于普通数码相机。

目前单反相机的像素，一般的也在 1 000 万以上，大部分在 1 200 万到 1 800 万，像哈苏那种超高端的，一台几十万人民币的，像素能达到 6 000 万。普通的数码相机现在像素也有 1 000 万以上了。其实像素只是决定图片的大小和分辨率，并不是像素越高越清晰。

2．卡片相机

卡片相机在业界内没有明确的概念，外形小巧、相对较轻的机身以及超薄时尚的设计是衡量此类数码相机的主要标准。其中索尼 T 系列、奥林巴斯 AZ1 和卡西欧 Z 系列等都应划分于这一领域。富士卡片式数码相机 FinePix Z 如图 2-20：

图 2-20　富士 FinePix Z 系列

主要特点：

卡片数码相机可以方便地随身携带；在正式场合把它们放进西服口袋里也不会坠得外衣变形；女士们的小手包再也不难找到空间挤下它们；在其他场合把相机塞到牛仔裤口袋或者干脆挂在脖子上也是可以接受的。

虽然它们功能并不强大，但是最基本的曝光补偿功能还是超薄数码相机的标准配置，再加上区域或者点测光模式，这些小东西在有时候还是能够完成一些摄影创作。至少你对画面的曝光可以有基本控制，再配合色彩、清晰度、对比度等选项，很多漂亮的照片也可以来自这些被"高手"们看不上的小东西。

卡片相机和其他相机区别：

优点：时尚的外观；大屏幕液晶屏；小巧纤薄的机身；操作便捷。

缺点:手动功能相对薄弱;超大的液晶显示屏耗电量较大;镜头性能较差。

3. 长焦数码相机

长焦数码相机指的是具有较大光学变焦倍数的机型,而光学变焦倍数越大,能拍摄的景物就越远。代表机型有:美能达 Z 系列、松下 FX 系列、富士 S 系列、柯达 DX 系列等。一些镜头越长的数码相机,内部的镜片和感光器移动空间更大,所以变焦倍数也更大,富士 S 系列长焦数码相机如图 2-21:

图 2-21 富士 S 系列相机

主要特点:

长焦数码相机主要特点其实和望远镜的原理差不多,通过镜头内部镜片的移动而改变焦距。当我们拍摄远处的景物或者是被拍摄者不希望被打扰时,长焦的好处就发挥出来了。另外焦距越长则景深越浅,和光圈越大景深越浅的效果是一样的,浅景深的好处在于突出主体而虚化背景,很多摄影爱好者在拍照时都追求一种浅景深的效果,这样使照片拍出来更加专业。一些镜头越长的数码相机,内部的镜片和感光器移动空间更大,所以变焦倍数也更大。

如今数码相机的光学变焦倍数大多在 3—12 倍之间,即可把 10 米以外的物体拉近至 5—3 米近;也有一些数码相机拥有 10 倍的光学变焦效果。家用摄录机的光学变焦倍数在 10—22 倍,能比较清楚地拍到 70 米外的东西。使用增倍镜能够增大摄录机的光学变焦倍数。如果光学变焦倍数不够,我们可以在镜头前加一增倍镜,其计算方法是这样的,一个 2 倍的增距镜,套在一个原来有 4 倍光学变焦的数码相机上,那么这台数码相机的光学变焦倍数由原来的 1 倍、2 倍、3 倍、4 倍,变为 2 倍、4 倍、6 倍和 8 倍,即以增距镜的倍数和光学变焦倍数相乘所得。

变焦范围并非越大越好。对于镜头的整体素质而言,实际上变焦范围越大,镜头的质量也越差。10倍超大变焦的镜头最常遇到的两个问题就是镜头畸变和色散。紫边情况都比较严重,超大变焦的镜头很容易在广角端产生桶形变形,而在长焦端产生枕形变形,虽然镜头变形是不可避免的,但是好的镜头会将变形控制在一个合理范围内。

而理论上变焦倍数越大,镜头也越容易产生形变。当然很多厂家也为此做了不少努力。比如通常厂家会在镜头里加入非球面镜片来预防这种变形的产生。对于色散来说厂家通常使用防色散镜片来避免,比如尼康公司的ED镜片。随着光学技术的进步,目前的10倍变焦镜头在光学性能上应该可以满足我们日常拍摄的需要。

(二) 数码相机成像原理

数码相机的成像原理可以简单概括为电荷耦合器件(charge-coupled device,简称CCD)接收光学镜头传递来的影像,经模/数转换器(A/D)转换成数字信号后贮于存储器中。数码相机的光学镜头与传统相机相同,将影像聚到感光器件上,即电荷耦合器件CCD。CCD替代了传统相机中的感光胶片的位置,其功能是将光信号转换成电信号,与电视摄像相同。CCD是半导体器件,是数码相机的核心,其内含器件的单元数量决定了数码相机的成像质量——像素。单元越多,像素数高,成像质量越好,通常情况下像素的高低代表了数码相机的档次和技术指标。CCD将被摄体的光信号转变为电信号——电子图像。这是模拟信号,还需进行数字信号的转换才能为计算机处理创造条件,将由模/数转换器(A/D)来转换工作。数字信号形成后,由微处理器(MPU)对信号进行压缩并转化为特定的图像文件格式储存;数码相机自身的液晶显示屏(LCD)用来查看所拍摄图像的好坏,还可以通过软盘或输出接口直接传输给计算机进行图像处理、打印、上网等工作。

1. 数码相机与传统相机的比较

从外观和操作功能设置上看,数码相机与传统相机没有很大的差异,但工作原理和实际应用还是有很大的不同。可从以下几个方面来看。

(1)感光载体。传统相机使用的是银盐感光材料——胶卷,胶卷有黑白与彩色之分,有感光高低之分,根据使用的不同,还有负片、反转片等之别。拍摄后要经过冲洗加工才能看到影像,不经过冲洗无法知道拍摄的好坏,感光材料只能一次性使用,且图像效果较难改变。而数码相机不使用胶卷,拍摄好坏可以通过相机自身的液晶屏回放直接观看,对不满意的影像可以删除,存储器可以反复使用,拍摄后可由计算机来完成各种处理。

(2)影像质量。传统相机使用的卤化银胶片拍摄,影像质量以每英寸解像度多少作为指标,一般常用感光度 21 定的 35 毫米胶卷解像度为 3 000 左右,相当于数码影像 2 000 万像素以上水平。目前我们常见到数码相机像素多在 200 万左右,少数品牌可达 300 万像素。另外,卤化银胶卷对 捕捉景物的色彩和色调宽度大于 CCD 元件,CCD 元件在较亮或较暗光线下会丢失部分细节。从上述两个方面看,显然数码影像的解像度、层次、质感、色饱和度等都远不如传统相机拍摄的图片。

(3) 拍摄的敏捷性。传统相机按下快门即时记录,带有连拍功能的相机,每秒可拍 3—12 张连续影像。而数码相机在按下快门,记录影像要慢约 1 秒钟,这个时间差主要是供相机进行快门时间、聚焦、光圈等一系列调整,拍摄以后还要进行图像处理和存储,需要大约 2—5 秒的待机时间才能拍摄下一张。从数码相机的反应敏捷性上讲,与传统相机差距较大,远不能满足各种抓拍要求。

(4) 影像处理。传统相机拍摄的影像必须经过暗房冲洗工艺来完成,冲洗工序要求严格且繁琐,非专业人员一般无法进行。相比之下,数码相机拍摄的影像处理起来就方便得多,可直接输入到计算机中处理后打印出来,在计算机强大的功能下,可以对影像进行各种修改或创意处理,以至于改头换面,随心所欲实现各种创作遐想,做到天衣无缝,不留任何破绽,这是传统摄影暗房技巧难以做到的。

综上所述,两种相机各有优劣势,在相当的一段时间里,二者并存,相互不可取代。传统的照相发展已有百余年历史,卤化银胶片记录影像分辨率极高,画质无与伦比。而数码影像的发展只是近几年的事,发展非常迅速,技术逐渐成熟,有着广阔的潜力和发展前景,如果达到传统相机记录的影像水平,还有一段路程要走。这里并无评述两种相机好坏之意,只是说明两者各有其特点,可以根据实际需要来选择。

2. 对数码相机的评价

目前,市场上的数码相机品种繁多,常见的品牌有奥林帕斯、尼康、柯达、富士、佳能、三洋、索尼、宝利来、卡西欧等等。面对众多的品牌,各异的款式,评价数码相机可从以下几个方面去考虑:

(1) 像素。像素通常作为划分数码相机档次的主要依据。CCD 的分辨率(像素点) 在一定意义上决定了成像质量(图像分辨率),在这里要注意区分两个分辨率的概念,CCD 的分辨决定了图像的分辨率,但这两个分辨率一般情况下是不相等的,CCD 分辨率大于图像分辨率,这是因为 CCD 作为光敏成像器件,在拍摄时,由于边缘光的影响,其边缘的像素点会出现一定的偏色和眩晕,当 CCD 像素大于图像拍摄像素时,边缘像素会自动被切除,从而去除偏色和眩晕,且切除越多越好。这就是厂家用 150 万像素的 CCD 最大可拍摄 1 344×1 008(135 万像素)的图像数码相机的原因。因此,CCD 的精度越高,拍摄图像精度越好。

(2) 量化比特数。数码相机成像芯片上每个像素点接受被摄体成像光照后,会产生与光照成一定比例关系的模拟信号,模拟信号经模数转换为数字信号,数字信号的位数称作量化比特数。比特数反映了数码相机表现亮度和色彩的性能,比特数越高,图像层次感越强,色彩越逼真。

(3) 镜头。对于传统照相机来讲,镜头一直是影响成像质量的关键因素,由于数码相机的 CCD 分辨率远低于镜头,因此,对镜头的分辨率没有很高的要求。数码相机标明的镜头焦距不同于 35 毫米的普通相机。数码相机镜头上标明 f:7.4 mm, f:5.2—15.6 mm 等数值,这是镜头焦距。以往我见到的 f:50 mm、f:28—85 mm 是针对 35 毫米相机而言的,它的成像尺寸是 135 胶卷(24 mm×36 mm)。而数码相机中 CCD 成像尺寸远远小于普通相机的成像尺寸。在数码相机的尺寸变小,焦距也变小,视角才能与普通相机相同。要注意说明书中对应 35 毫米相机镜头的焦距数值。

(4) 存储器。存储器可分为内置存储器和可移动存储器。内置存储器安装在相机内部,用于临时存储图像,装满后要及时向计算机转移文件,否则无法继续存入图像;可移动存储器(软盘、PC 卡、CF 卡、SM 卡等)装满后可取出更换,就像普通相机拍完可换胶卷一样,所不同的是这些存储器可以删除和反复记录,使用方便、灵活。

(5) 压缩方式。大部分数码相机设置二种或三种 JPEG 压缩方式供拍摄选择,有的数码相机同时还提供了非压缩的 TIFF(Tag Image File Format,标签图像文件格式)格式。压缩比大,占用存储空间小,但压缩算法丢失的图像细节多,图像分辨率低;压缩比小,压缩算法丢失的图像细节少,图像细腻,层次表现丰富,质感强,但占用存储空间大。

(6) 接口。接口是数码相机连接外部设备的通道。常见数码相机的接口有:串行接口、并行接口、USB 接口、AV 接口、电源输入接口等,有的数码相机还提供了闪光同步接口、红外端口等。串行接口和并行接口是早期数码相机与计算机的连接口,现在大多数采用 USB 接口,USB 接口传输速度较前两者都快;红外端口可以直接与计算机或另一台数码相机传递信息;闪光同步接口用来进行复杂的闪光摄影。在选择时应考虑与相关设备连接匹配。

(7) 电源。数码相机的液晶显示屏耗电量非常大,记录图像也比传统相机消耗电能多。耗能大是数码相机的一大弊端,目前市场上见到的数码相机多采用四节 5 号电池供电,如使用普通碱性电池,用不了多久电池就会耗光。低耗能、大容量供电也是厂

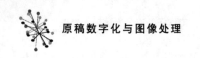

家逐步改进和解决的问题,在选择时应注意备有外部供电端口和低耗大容量供电的数码相机。

数码相机的应用也只是近几年的事,但发展非常迅速,随着CCD的不断升级,像素的点数不断提高,300万以上像素数码相机市场已不少见。在功能上,生产厂家也不断改造完善,逐步提高拍摄灵活性与反应速度,使其接近或达到传统相机的水平。相信数码相机将会越来越受到人们的欢迎。

3. 数码相机拍摄图像的特点

当前数码相机拍摄的图像从复制技术层面上分析,有以下几个特点:

(1) 它摄取的图像是RGB模式,需要在Photoshop中经过分色转换成CMYK模式。因此应该根据彩印工艺的印刷需求,进行正确的分色设置。

(2) 由于大多数中、高档数码相机,其生成的数字图像,没有对图像进行锐化,需要在Photoshop的虚光蒙版功能中,根据图像内容,放大倍率进行恰到好处的锐化处理。

(3) 有些图像的色彩饱和度过大,色彩特别鲜艳,艳到了深原色与次深原色中的层次并级,甚至暗部都没有相反色。成了红一块、绿一块的色块,有的颜色缺乏过度层次,产生颜色生硬脱节不自然,这些都需要进行有效的调整处理。

(4) 有些图像的层次分布不均匀,阶调不完整,高、中、暗三个区协的层次不能完全地表现出来,不是高、中调的影调偏亮、偏浅,层次平坦,就是中、暗调的影像偏暗偏浅,层次并级,都需要把主体部分的层次进行调整处理。

(三) 数码摄影基础

1. 拍摄基础

(1) 保持相机的稳定。

许多刚学会拍摄的朋友们常会遇到拍摄出来的图像很模糊的问题,这是由相机的晃动引起的,所以在拍摄中要避免相机的晃动。你可以双手握住相机,将肘抵住胸膛,或者是靠着一个稳定的物体。并且要放松,整个人不要太紧张。感觉你就像是一个射手手持一把枪,必须稳定地射击。

(2) 保持太阳在你的身后。

摄影缺少了光线就不能成为摄影,它是光与影的完美结合,所以在拍摄时需要有足够的光线能够照射到被摄主体上。最好的也是最简单的方法就是使太阳处于你的背后并有一定的偏移,前面的光线可以照亮被摄主体,使它的色彩和阴影变亮,轻微的角度则可以产生一些阴影来显示出物体的质地。

（3）缩小拍摄距离。

有时候，只需要简单地离被摄物体近一些，就可以得到比远距离拍摄更好的效果。你并不一定非要把整个人或物全部照下来，有时候，只对景物的某个具有特色的地方进行夸大拍摄，反而会创造出具有强烈视觉冲击力的图像出来。

（4）拍摄样式的选定。

相机不同的举握方式，拍摄出来的图像的效果就会不同。最简单的就是竖举和横举相机。竖着拍摄的照片可以强调被摄主体的高度（比如说拍摄红杉），而横举则可以拍摄连绵的山脉这类图像。

（5）变换拍摄风格。

你可能拍摄过很多非常好的照片，但它们很可能都是一种风格，所以看多了就会给人一种一成不变的感觉。所以你应该在拍摄中不断的尝试新的拍摄方法或情调，为你的相册增添光彩。比如说你可以既拍风景，又拍人物，既拍特写，又拍全景，既在好天气拍摄，又在坏天气拍摄等等。

（6）增加景深。

景深对于好的拍摄来说非常重要。每个摄影者都不希望自己拍摄的照片看起来就像是个平面，没有一点立体感。所以在拍摄中，就要适当增加一些用于显示相对性的物体。比如说你要拍摄一个远处的山脉，你就可以在画面的前景加上人物或是一棵树。使用广角镜头就可以夸大被摄体正常的空间和纵深感的透视关系。

（7）正确的构图。

一幅好的图像通常是由于它的构图非常恰当。摄影上比较常见的构图就有九宫格构图。用纵横各两条线把画面等分为"井"字形的九个部分，然后将被摄物体置于线上或是交汇处。总是将被摄物体置于中间会让人觉得厌烦，所以不妨用用三点规则来拍摄多样性的照片。

（8）捕获细节。

使用广角镜来将"一切"都囊括在画面中总是很有诱惑力的，但是这样的拍摄会让你丢掉很多细微的地方，有时还是一些特别有意义的细节。所以这时候你就可以使用变焦镜头，使画面变小，然后捕捉有趣的小画面。

（9）地平线的位置应用。

当地平线的位置不同时，你拍摄时强调景物的效果也不同。比如说想强调陆地，就使用高地平线；如果是想强调天空，则使用低地平线。

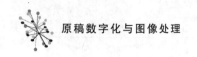

2. 摄影技巧

首先是应该知道的是数码相机的一些特殊功能,数码相机有别于传统相机,所以在摄影的时候有些比较特殊的调节选项,而且这些选项对于数码摄影来说非常关键。比如"ISO调节"和"曝光补偿"就是非常特别而重要的。

(1) 关于ISO。

首先说说ISO的调节,ISO的设置调整主要受到两个方面的影响:第一是光线不足的困扰,第二是快门速度过慢的问题。在这种状况下,如果有三脚架或者可以保证数码相机固定拍摄的话,可以通过增大光圈快门或者慢速快门来进行拍摄,但是在缺乏三脚架支持或者手持数码相机无法保证稳定拍摄的情况下,就只得选择较高的ISO来解决这个问题。

请记住,如果要获得画面清爽的照片就尽量采用低ISO设置进行拍摄,例如,如果要拍摄阴天或者日落时候的运动对象,快门速度设定最好为不慢于1/125 s。不过如果在ISO为50或者100的设置下,即使在最大光圈设定下数码相机也不会达到这个快门速度,而只能用更慢的快门进行拍摄,这时候只能够采用提高ISO设置的办法来获得快速快门,这样才能够捕捉到快速运动的对象。

不过对于ISO的调节应该是一步一步地进行,先调高到最近的一挡,看看是否能够实现拍摄意图,如果还不理想就再提高一挡,这样就可以保证获得最佳的ISO设置进行拍摄,当然无论如何,ISO的升高都会导致噪点的增加,因此我们得了解ISO变化的优点和缺点。

简而言之,ISO的设置升高会带来噪点的增加,当然在光线条件不好的时候,ISO增加可以提高快门速度,实现拍摄的可靠性。

要记住,高ISO在照片的阴暗部分或者单色区域的表现会比较突出,噪点色斑现象会比较明显。低ISO下拍摄的画面干净利索,不过在低光照的时候最好能够使用三脚架进行辅助拍摄。

(2) 关于白平衡。

在荧光灯的房间里拍摄的照片会显得发绿,而在日光阴影处拍摄到的照片则莫名其妙地偏蓝,刚玩数码相机的人大都碰到过这种情况,其原因就在于白平衡的设置上。能够对这一现象进行补偿的功能就是白平衡。你如果不想在拍摄的时候让肤色变得怪里怪气,就跟我们一起来认识一下白平衡为何物。

白平衡控制就是通过图像调整,使在各种光线条件下拍摄出的照片色彩和人眼所看到的景物色彩完全相同。简单地说,白平衡就是无论环境光线如何,仍然把"白"定义为"白"的一种功能,这样可以保证色彩还原的准确性。一般而言,采用全自动方式时,我们的易用性数码相机会采用自动白平衡,这在特殊环境下很容易失误。此时,建议大家调用数码相机中的预设白平衡值,其中包括室内白炽灯、户外晴天、酒店等多种常见的环境。正确设置白平衡之后,色彩表现会更加自然。

不过白平衡还有很多另类的用法,比如不同的白平衡值会使得照片产生偏色,而利用这一特性,我们可以使作品产生一些特殊效果,这往往比使用滤色镜之类的附件更加自然,而且十分方便。利用黄色的自定义白平衡产生蓝色光,淡蓝色自定义白平衡产生暖调的橙红色光,我们可以人为控制照片的偏色。为了令照片更加柔和,采用淡蓝色物体来自定义白平衡即可;为了令照片更加深邃,采用黄色来自定义白平衡即可。

在某些拍摄环境下,数码相机预设的白平衡值可能不够用,而白平衡又是十分抽象的概念,难以用简单的数值来描述。此外,我们可以利用数码相机的白平衡捕获功能,这也是最为准确的方式,不过使用时相对繁琐。首先找一张你认为最标准的白色物体,一般是白纸或者白色的石膏雕塑。随后打开数码相机的白平衡捕获功能,将镜头对准标准的白色物体,此时数码相机可以准确地捕获当时环境下的白平衡参数。

掌握了白平衡,拍摄出的照片就会有准确的色彩表现。

(3) 关于曝光补偿。

曝光补偿(EV)的概念:摄影其实就是摄影者运用自己掌握的摄影技术,通过摄影器材对环境光线的计算,捕捉景物成像的过程。这个过程与设备的光圈值(控制单位时间进入相机的光通量)、快门速度(曝光时间),以及 ISO(感光度,对光线的敏感程度)有关。如今的传统设备以及数码相机都会通过自己的内部程序,对环境光线进行计算,自动调整光圈、快门甚至 ISO 值。但在复杂的光线及强对比高反差环境下,P(程序自动曝光)档拍出的照片往往差强人意,效果不是最佳。这时就需要拍摄者手工对设备进行相应的曝光参数调整,这就是曝光补偿 EV(exposure value)。

光的补偿、调整的手段很多,可以借助闪光灯、摄影灯、反光板的外源光线补偿,也可以通过调整光圈值、曝光时间的光通量参数来补偿。上面这几种补偿的方法,从严格意义上讲应该分类到"光线补偿或曝光控制"的概念中去。还有就是数码相机特有的EV 曝光补偿。

① 外源光线类的闪光灯光线补偿,在缺乏其他补光光源情况下补光偏硬,往往会在被摄对象的背景上留下明显的阴影,同时会使被摄主体高反射部分失去层次,失真严

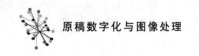

重,所以一般很少采用。

② 摄影灯可以营造出很好的拍摄效果,但由于条件的限制,往往局限于摄影棚之内。

③ 补光效果柔和的反光板对于小场景人像类摄影应用广泛,常用于主体面部补光,其局限性不言而喻。

④ 光圈以及快门的光通量参数调整,往往由于拍摄过程中需要考虑景深,以及运动物体因素影响,实际运用中会有捉襟见肘的感觉。

⑤ 对于现在普及的数码相机来说,最常用到的手法是进行 EV 的调整,以达到曝光补偿的目的。

消费级数码相机大多具备±2.0 EV 调节范围,高档些的数码相机可达可达±3.0 EV。考验一台数码相机的指标之一就是它的手动调节功能,而在 EV 调整中调整精度也是一个比较重要的因素,一般的以 0.3 或 0.5 为级别。级差越小越能满足拍摄者的创作意图。

对于初学者来讲,曝光补偿一般用于静物、景物拍摄的场合。这个场合适合你从容进行参数调整,用不同的补偿值拍摄多张片子,从中选择最佳作品出来。

正确调整 EV 值:在典型欠曝场景(物体亮部的区域较多,如逆光、强光下的水面、雪景、日出日落场景等)使用 EV$^+$,在典型过曝场景(物体暗部的区域较多,如密林、阴影中物体、黑色物体的特写等)使用 EV$^-$。简单通俗地说就是:"白加黑减,亮加暗减。"

需要注意的是数码相机无论在 P 档还是 S/A 档下,当对 EV 值进行调整时,相机的光圈/快门参数也会有相应的变化:P 档下 EV 调整时,相机光圈、快门都会做出自动调整;A 档下光圈固定,EV 调整会联动使快门的速度变化;S 档下快门固定、EV 调整会联动使光圈大小变化。但是这些光圈、快门的变化不会影响到最终成像后的曝光补偿效果。

如果掌握好了 ISO 调节和曝光补偿的调节,那么数码相机使用起来就会比较得心应手了。

【体验活动】

1. 在平板扫描仪上,对不同类型的原稿进行扫描实践,并判断扫描质量。

2. 对图像扫描的定标原则进行实际操作。

3. 根据数码相机拍摄图像的特点对 ISO、白平衡和曝光补偿进行调整练习。

印前图像处理

■ 任务内容和要求

1. 能用 Photoshop 污点修复画笔工具对原稿进行修饰操作；

2. 能用 Photoshop 仿制图章工具去除多余图像元素；

3. 能为图片去除划痕和斑点；

4. 能为扫描图片去除网纹；

5. 能用 Photoshop 滤镜给原稿去除噪点；

6. 能用 Photoshop 模糊滤镜；

7. 能用 Photoshop 表面模糊滤镜快速对原稿去斑；

8. 能分析原稿在图像复制中影响清晰度的因素和调整；

9. 能用 Photoshop 对印前原稿进行 USM 锐化；

10. 能用智能锐化滤镜对原稿进行锐化处理；

11. 能对模糊的原稿锐化处理；

12. 能调校显示器色彩。

■ 任务背景

原稿是印前复制的基础和依据。印前工作者通过对原稿的采集、分类、整理、数字化和分色制版，印刷最终得到复制品。原稿的种类很多，而一般的复制品都是油墨印在纸张上的印刷品。人们希望每张印刷品都有较高的观赏价值，但原稿的质量往往不尽人意。这就要求复制工作者对原稿的种类及质量有所了解。在印刷开始前，还需要对原稿做一些检查工作。

通过对原稿的检查，往往会发现许多印前原稿的瑕疵。这时就应该用 Photoshop 软件对原稿进行修复和处理，从而保证最终印刷成品的质量。

项目一　原稿像素修复处理

工作情景　小王的企业已经配备图像制作桌面系统,但由于不少客户单位尤其是中小企业的图像制作人员,技术水平仍不高,兼受其他客观因素影响,客户提供的许多印前图像素材不能令人满意。图像素材经常出现诸如污点、划痕、画面构图不够理想、印刷网纹等问题。面对种种问题,作为企业印前制作人员的小王,必须加以修复,从而满足印刷品的质量要求。下面就开始针对上述问题工作吧。

活动一　用 Photoshop 污点修复画笔工具进行修饰操作

活动任务　修复客户提供的具有污点的原稿。

活动引导　由于原稿保管等原因,图像上会产生很多污点,而在扫描时又没有及时清理,扫描完成的电子文件不能直接使用。还有设计构思的需要,客户会提供一些老照片原稿,此类原稿大多会有不同程度的污垢,即使在扫描前加以清理,在完成原稿数字化过程后,电子文档上还是会留有不同程度的污垢痕迹,该痕迹对后期印刷一定会产生质量影响。小王开始使用 Photoshop 的污点修复画笔对此类文档进行处理。

（一）污点修复画笔工具

　　污点修复画笔工具可以快速移去照片中的污点和其他不理想部分。污点修复画笔的工作方式与修复画笔类似:它使用图像或图案中的样本像素进行绘画,并将样本像素的纹理、光照、透明度和阴影与所修复的像素相匹配。与修复画笔不同,污点修复画笔不要求指定样本点。污点修复画笔将自动从所修饰区域的周围取样。

（二）污点修复画笔移去污点

　　如果需要修饰大片区域或需要更大程度地控制来源取样,可以使用修复画笔而不是污点修复画笔。

　　1. 选择工具箱中的污点修复画笔工具。如有必要,单击修复画笔工具、修补工具或红眼工具以显示隐藏的工具并进行选择;

　　2. 在选项栏中选取一种画笔大小。比要修复的区域稍大一点的画笔最为适合,这样,您只需单击一次即可覆盖整个区域;

　　3. （可选）从选项栏的"模式"菜单中选取混合模式。选择"替换"可以在使用柔边

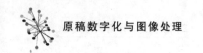

画笔时,保留画笔描边的边缘处的杂色、胶片颗粒和纹理;

4. 在选项栏中选取一种"类型"选项:

近似匹配:使用选区边缘周围的像素来查找要用作选定区域修补的图像区域。如果此选项的修复效果不能令人满意,请还原修复并尝试"创建纹理"选项。

创建纹理:使用选区中的所有像素创建一个用于修复该区域的纹理。如果纹理不起作用,请尝试再次拖过该区域。

如果在选项栏中选择"对所有图层取样",可从所有可见图层中对数据进行取样。如果取消选择"对所有图层取样",则只从现用图层中取样。

单击要修复的区域,或单击并拖动以修复较大区域中的不理想部分。

(三) 应用实例

1. 启动 Phtoshop 软件,调入图片后点击工具栏里的画笔工具——污点修复画笔工具,如图 3-1:

图 3-1　打开污点修复画笔工具

2. 点击画笔,进行直径、硬度、间距设置。直径根据污点大小进行设置。如果想创建模糊边缘,需要降低画笔硬度,反之,则提高画笔硬度。

3. 设置好后,对污点进行涂抹。

4. 同时,根据画面污点进行类型设置。近似匹配和创建纹理。近似匹配是指画笔进行点击或拖移的时候,取画笔周围的像素作为参考点修复画笔内的内容。创建纹理是指使用画笔进行拖移的时候,会以拖移区域内的像素为准,来制作相似的纹理,将斑点去除。

5. 之前的选择都没有很大作用的时候,我们选择对所有图层取样模式,建立一个新图层,使用污点画笔工具,拖移不起作用,我们勾选"对所有图层取样"进行修复。修复的内容在新图层上,达到无损修复。

6. 创建新图层。

7. 修复的图像被放在新建的图层上,达到无损修复。

活动二　用 Photoshop 仿制图章工具去除多余图像元素

活动任务　去除客户提供的原稿中的多余元素。

活动引导　客户在实地拍摄场景时,由于拍摄时人多,让你无法躲过所有人,拍出一张完美的照片,同时由于实地场景的复杂性,会有多余的画面元素同时被拍摄进来。小王在工作中客户就提供了类似的原稿,他通过 Photoshop 中神奇的仿制图章工具,即可轻松去除照片中多余的人和物,消除照片中的这类遗憾。

(一) 仿制图章工具

仿制图章工具可以将图像的一部分绘制到同一图像的另一部分或绘制到具有相同颜色模式的任何打开的文档的另一部分。您也可以将一个图层的一部分绘制到另一个图层。仿制图章工具对于复制对象或移去图像中的缺陷很有用。

要使用仿制图章工具,请在要从其中拷贝(仿制)像素的区域上设置一个取样点,并在另一个区域上绘制。要在每次停止并重新开始绘画时使用最新的取样点进行绘制,请选择"对齐"选项。取消选择"对齐"选项将从初始取样点开始绘制,而与停止并重新开始绘制的次数无关。

可以对仿制图章工具使用任意的画笔笔尖,这将使您能够准确控制仿制区域的大小。也可以使用不透明度和流量设置以控制对仿制区域应用绘制的方式。

(二) 仿制图章工具修改图像

1. 选择仿制图章工具。

2. 在选项栏中,选择画笔笔尖并为混合模式、不透明度和流量设置画笔选项。

3. 要指定如何对齐样本像素以及如何对文档中的图层数据取样,在选项栏中设置以下任一选项：

对齐：连续对像素进行取样，即使释放鼠标按钮，也不会丢失当前取样点。如果取消选择"对齐"，则会在每次停止并重新开始绘制时使用初始取样点中的样本像素。

样本：从指定的图层中进行数据取样。要从现用图层及其下方的可见图层中取样，请选择"当前和下方图层"。要仅从现用图层中取样，请选择"当前图层"。要从所有可见图层中取样，请选择"所有图层"。要从调整图层以外的所有可见图层中取样，请选择"所有图层"，然后单击"取样"弹出式菜单右侧的"忽略调整图层"图标。

4. 可通过将指针放置在任意打开的图像中，然后按住 Alt 键并单击来设置取样点。

5. （可选）在"仿制源"面板中，单击"仿制源"按钮并设置其他取样点。最多可以设置五个不同的取样源。"仿制源"面板将存储样本源，直到关闭文档。

6. （可选）要选择所需样本源，请单击"仿制源"面板中的"仿制源"按钮。

7. （可选）在"仿制源"面板中可执行下列任一操作：

① 要缩放或旋转所仿制的源，请输入 W（宽度）或 H（高度）的值，或输入旋转角度。（负的宽度和高度值会翻转仿制源。）

② 要显示仿制的源的叠加，请选择"显示叠加"并指定叠加选项。注：启用"剪切"选项时，可以将"叠加"剪贴到画笔大小。

8. 在要校正的图像部分上拖移。

（三）应用实例

用 Photoshop 软件打开扫描得到的数字人像原稿，如下图 3-2 所示污点处理前后对比图像：

修复前　　　　　　　　　　　　　　　　修复后

图 3-2　污点修复画笔工具应用

　　我们可以看到这张修复前人物的脸部有若干的斑点和黑色划痕,或许某些扫描原稿还会有痘痘、伤疤等瑕疵,这些原稿是无法满足后期精美印刷的要求,这时我们就可以用到 Photoshop 软件中的这个污点修复画笔工具来进行修复处理,从而得到更具美感、更加美观的后期印刷所需图像,这也是污点修复画笔工具的实用之处。

　　那么我们该怎样来对这个人物脸部的红斑进行修复呢?

　　1. 打开原稿,复制新的图层。

　　2. 单击工具箱中的污点修复画笔(快捷键为 j)

　　3. 我们在污点修复画笔的属性栏勾选"对所有图层取样"进行修复,这样修复的内容建立在新图层上,达到无损修复。同时,也可以在污点修复画笔的属性栏进行直径、硬度、间距设置,直径属性是根据污点大小进行设置,如果想创建模糊边缘,需要降低污点修复画笔硬度,反之,则提高画笔硬度,对污点修复画笔的硬度需要进行几次测试,才能获得比较满意的修复效果。

　　4. 我们设置好各项属性参数后,对斑点和黑色划痕进行涂抹,此时发现人物脸部被涂抹的斑点和黑色划痕彻底修复,露出干净的肤色。

　　5. 我们还可以根据画面污点进行类型属性设置。在污点修复画笔属性栏目有"近似匹配"和"创建纹理"两个选项。近似匹配是指画笔进行点击或拖移的时候,取画笔周围的像素作为参考点修复画笔内的内容。创建纹理是指使用画笔进行拖移的时候,会以拖移区域内的像素为准,来制作相似的纹理,将斑点去除。根据实际污点的类型和大小,选取相应的修复类型。(Photoshop cs5 中新增了"内容识别"类型,能够获得更好的修复效果)

活动三　为图片去除划痕和斑点

活动任务　修复原稿上划痕和斑点。

活动引导　由于设计需要,客户提供了原稿老照片,由于保存时间和客观因素,照片上具有很多的划痕和斑点,扫描数字化以后,文档不能直接使用,必须修复划痕和斑点。

（一）蒙尘与划痕滤镜

　　1. 选取"滤镜"→"杂色"→"蒙尘与划痕"。

2. 如果需要,可以调整预览缩放比例,直到包含杂色的区域可见。

3. 将"阈值"滑块向左拖动到 0 以关闭此值,这样就可以检查选区或图像中的所有像素了。"阈值"确定像素具有多大差异后才应将其消除。注:"阈值"滑块对 0—128 之间的值(图像的常用范围)可以提供比 128—255 之间的值更好的控制。

4. 向左或向右拖动"半径"滑块,或在文本框中输入 1—16 的像素值。"半径"值确定在其中搜索不同像素的区域大小。增加半径将使图像模糊。使用消除瑕疵的最小值。

5. 通过输入值来逐渐增大阈值,或通过将滑块拖动到消除瑕疵的可能的最高值来逐渐增大阈值。

(二) 应用实例

Photoshop 打开原照片如图 3-3:

图 3-3　存在斑点的照片原稿

1. 使用通道混合器,将图片调为黑白色调。

2. 使用蒙尘与划痕将照片上小脏点先去掉,大的脏点进行二次祛除。

3. 复制一个新图层,再次使用蒙尘与划痕,这次的参数不同之前的。

4. 添加一个黑色蒙版,设置白色为前景色,当前图层为图层 1 副本里的蒙版,然后用画笔涂去照片上比较大的脏点。

最终结果如图 3-4：

图 3-4　去除斑点之后的照片

活动四　为扫描图片去除网纹

活动任务　用 Photoshop"去斑"滤镜，为原稿去除网纹。

活动引导　照片网纹有两种：一种是扫描画册等印刷品时会出现一些纹理，这是印刷品上的网纹产生变形所致；另一种是扫描早期绸纹照片所产生的绸纹颗粒。去"网纹"有两种方法，一种是在扫描时，通过设置扫描仪软件界面中的"去网纹"功能，便可在扫描过程中去除网纹。由于报纸、画册和精美画册等印刷品的网点大小不一样，去网纹处理时，要根据扫描原稿种类分别选择"报纸"、"画册"、"精美画册"等选项，才能取得最佳的去网纹效果。

（一）Photoshop 的"去斑"滤镜

"去斑"滤镜检测图层的边缘（发生显著颜色变化的区域）并模糊除那些边缘外的所有选区。该模糊操作会移去杂色，同时保留细节。可以使用该滤镜去除通常出现在扫描杂志或其他打印材料中的条纹或可视杂色。

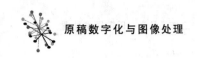

当我们的原文件文档丢失，只能扫描书报杂志上的图片时，常常发现扫描的图片会有网状的纹路出现，这种现象称为网纹。如果网纹不除掉而直接将图像再次印刷的话效果很糟糕，所以扫描的图像最重要的就是网纹的处理。

印刷工艺决定了印刷只能采用网点再现原稿的连续调层次，图若放大看，就会发现是由无数个大小不等的网点组成的，这就是产生网纹的原因。事实上，原稿的层次和色彩就是通过这种挂网的方法被再现出来的。报纸上油墨点最为明显，因为报纸不需要印刷得太精美，所以网点特别大。当这些小点经过扫描后便会产生网纹，有时候会严重影响扫描的品质。

（二）消除网纹的常用方法

下面是两种 Photoshop 中常用的消除扫描图片上网纹的方法。

1. 调整图像大小去除网纹

调整图像大小是在扫描的基础上调整的，首先要在扫描的时候将分辨率和大小都提高，然后利用 Photoshop 把图片缩小为所需的大小。

比如原来的图片是用 200 dpi、原大比例扫描的，现在用 300 dpi 来扫描，图片大小增加为 200%，将扫描的图像在 Photoshop 中执行"图像"→"图像大小"把图片尺寸缩小为原大，同时将"重新取样图像"参数设定为"两次立方"效果最佳。

2. 滤镜快速去除网纹

（1）Photoshop 中执行"滤镜"→"去斑"，这是最快速方便的去网纹方法。

（2）Photoshop 中执行"滤镜"→"模糊"→"高斯模糊"，模糊化对细密的网纹特别有效，可是这个方法唯一缺点画面也会变模糊，使用时要慎重。

（3）Photoshop 中执行"滤镜"→"模糊"→"特殊模糊"，先将半径调到最低，阈值调到最高。然后将半径往右拖动，此时画面颗粒纹路好像看不到后就立即停止，不然画面会变得非常模糊。接下来将阈值往左拖动，画面会逐渐恢复清晰，小心调整一个适当的数值，就大功告成了。

注：以上滤镜的使用都会使画面的细节有所丢失，所以在使用时多加注意！

（三）扫描仪的设置面板上直接设置扫描的同时去除网纹

在没有原稿数字化文档的情况下，需要扫描一些报刊杂志上的图片。由于绘画和照片都是由连续的色调来表现图像的明暗层次，而印刷是利用网点的大小来表现画面的色彩浓淡。图片在扫描后，就形成网纹，如图 3-5：

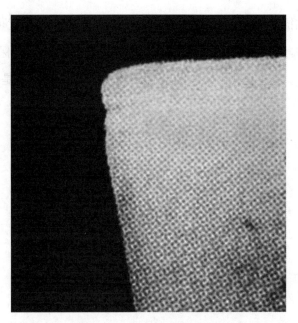

图 3-5　印刷稿扫描后的网纹

在设计操作中，图片质量的好坏直接影响到最后的输出结果。如何最好地去除网纹就成了一个关键问题，下面来比较一下几种常用去网纹的方法。

目前的大多数扫描仪所附带的应用软件都具有去网纹的功能，如图 3-6：

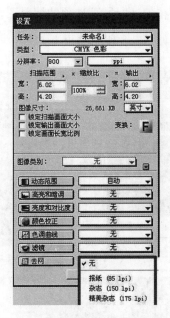

图 3-6　扫描仪自带的去除网纹的功能

我们只要在扫描设置面板上的去网栏里设置一定的去网线数,就可以在扫描的过程中达到去网的目的,具体去网线数的设置只要和印刷文件的加网线数保持一致,就可以消除掉大部分的网纹。在这里我们设置为"精美杂志(175lpi)"。图 3-7 是扫描的结果:

图 3-7　去除网纹之后图片的扫描结果

（四）用 Photoshop 的内置滤镜"蒙尘与划痕"去除网纹

注意:在运用这种方法去网的时候,扫描设置时要将"去网"选项设置为"无",即扫描时不去网。

在 Photoshop 里对扫描后的图片执行"滤镜杂色蒙尘与划痕",调出蒙尘与划痕面板,设置半径为 1,阈值为 10,在勾选"预览"选项的情况下,预览框中会显示运用目前设置下的运算结果。确认,得到如图 3-8 所示结果:

图 3-8　"蒙尘与划痕"面板

用这种去网纹方法得到的图片,细节保留的相对完整,但是在图案的大部分区域,特别是灰部,网点依然明显存在。在加大阈值的情况下,可以大面积消除,但是图片的质量和细节的损失也会大幅度增加。半径为 1 个像素,阈值为 20 时得到的结果如图 3-9:

图 3-9 加大阈值可以大面积去除网纹

这种去网纹方法是目前运用最多也最简单实用的方法,但得到的结果并不是很理想。

(五)用"抽线去网法"去除图片的网纹

在 Photoshop 中,图像实际上是由一个个具有独立颜色信息的像素点所组成的,如图 3-10 所示。每一个小方格就是一个像素点,它是组成位图的最基本元素。

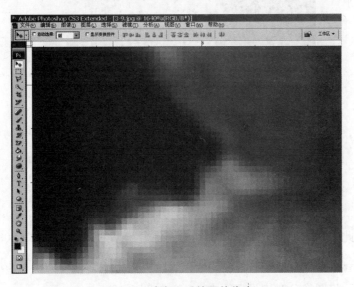

图 3-10 放大之后的图片像素

我们平时所说的"图像分辨率为 300 ppi(也叫像素每英寸)"就是指在一英寸的横坐标或纵坐标上排列了 300 个像素点。

如果我们将一个图片的图像分辨率从 300 ppi 减小到 150 ppi,也就是说由一英寸 300 个像素点减少到一英寸 150 个像素点。我们可以简单地理解成从每两个相邻的像素点中去掉一个像素点,从而得到新的图像。但实际上在这个过程中,Photoshop 是将相邻的两个像素点颜色信息进行中和,形成一个新的像素点,而不是直接生硬地去掉一个像素点;反之,在增加图片的图像分辨率时,Photoshop 会将相邻的像素点颜色属性经过运算,拆分出新的像素点。这样就使图片的颜色过渡相对平稳,在减少或增加像素点的同时保持和原图片的整体感一致(这种原理在 Photoshop 里称为"自动补差")。

Photoshop 的这种减少图像像素点的方法我们可以形象地理解为经过筛选组合,抽掉一部分像素点,习惯上称之为"抽线"。同样,我们也可以运用这种方法来去掉扫描图片的加网线数,从而达到去除图像中网纹的目的。

如果我们想最终得到 300 ppi 的图片,那么在扫描的时候,应该设置扫描分辨率为最终结果的 3—4 倍。在这里我们设置为 900 ppi,900 ppi 扫描后图片的网纹如图 3-11:

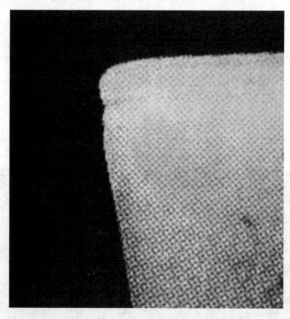

图 3-11   900 ppi 扫描后的图片网纹

首先,将此图片的图像分辨率减小到原图像分辨率的三分之二,即 600 ppi(相当于把每三个像素点糅和成两个新的像素点)。在 Photoshop 里执行"图像大小",调出图像大小设置面板,将图像分辨率设置为 600 ppi,如图 3-12:

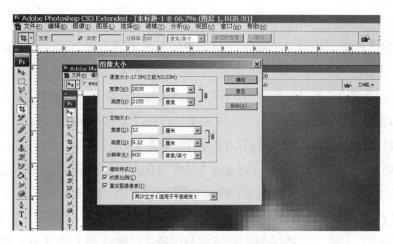

图 3-12　"图像大小"面板中的分辨率设置

注意:在此过程中确认"约束比例"和"重定图像像素"选项处于勾选状态,保证图像像素等比例缩小。

得到的结果如图 3-13:

图 3-13　分辨率减小至原图片 2/3 得到的新图片

然后,再将此图片的图像分辨率减小到 300 ppi(每两个像素点中再抽掉一个像素点),得到最后的结果如图 3-14:

图 3-14　逐步减小分辨率去除网纹的最终效果

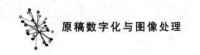

这种方法得到的结果较前两种方法要好,但操作的过程相对要复杂一些。

可能我们要问:为什么不直接一次将图像的分辨率减小到 300 ppi,而要经过两次转换,岂不是浪费?

是这样的,两次转换的过程中,图像像素的物理损失分别为 33.3% 和 50%,而一次转换的过程其损失直接高达 66.6%;而且一种是经过两次糅和得到的结果,另一种只经过一次糅和而成。这样两种过程得到的结果是有细微差别的,我们可以自己进行试验,感觉一下两种结果的差别。以上各种去网纹的方法各有优点,但也都有各自的不足。虽然最后一种方法的结果比前几种要强一些,但对于质量要求较高的输出稿件来说,结果还不是很理想。能不能在此基础上做一些修改,从而达到更佳的效果呢? 答案是肯定的。

在印刷的过程中,由于每一种原色使用的比例并不相同,这就造成每一种原色的过渡不一样。我们来观察一下最后一种结果在不同颜色通道中的信息。

(1) 彩色(CMYK)通道如图 3-15:

图 3-15　去网效果图在彩色通道中的输出结果

(2) 青色(C)通道,如图 3-16:

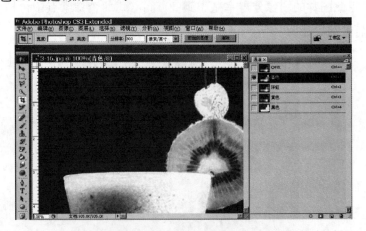

图 3-16　去网效果图在青色通道中的输出结果

（3）洋红（M）通道，如图 3-17：

图 3-17　去网效果图在洋红色通道中的输出结果

（4）黄色（Y）通道，如图 3-18：

图 3-18　去网效果图在黄色通道中的输出结果

（5）黑色（K）通道，如图 3-19：

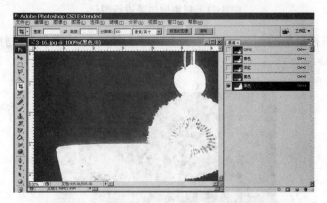

图 3-19　去网效果图在黑色通道中的输出结果

经过通道信息的比较可以看出，在通过四种原色混合而形成的彩色通道下面，网纹已经几乎完全消除（肉眼视觉上），但在单色通道下面，还可以看到明显的网纹，特别是在黄色和黑色通道里,网纹相对明显,这是因为此图片在印刷过程中黄色和黑色的输出比例较大。

在单通道里,分别对黄色和黑色用"蒙尘与划痕"去除网纹,如图 3-20:

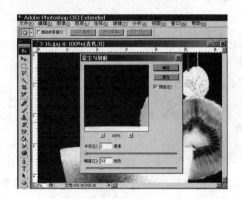

图 3-20　在单色通道里用"蒙尘与划痕"去除网纹

设置半径为 1,阈值为 30,这时的图像,网纹已经基本去除,但图像边缘还是比较模糊。

接下来,我们对图像进行进一步的调整,执行"滤镜"→"锐化"→"USM 锐化",如图 3-21:

图 3-21　对图像边缘进行锐化

再对图像进行最后的细部刻画,如去除一些扫描时留下的杂点、划痕;调整图像的颜色、对比度等。最终处理的结果图见图 3-22:

图 3-22　"抽线去网法"最终效果图

在实际运用中,将这几种去网纹的方法有机地结合起来,无论从质量上,还是细节上,都可以最大限度地接近原稿的效果。

 **小贴士**

如何得到最佳的扫描效果

1. 在扫描时尽量使用印刷精美、载体(纸张)优质、尺寸较大的图片,原稿的质量好坏直接决定最后的扫描结果;

2. 在用 Photoshop 去网的时候参数设置应尽量多尝试,以达到最佳的效果,不要急于求成,细微参数差别可能对图像的结果起到较大影响;

3. 在对网纹较明显的单通道去网的时候,因为亮部、灰部、暗部的网纹分布不均匀,可以使用选择区只对网纹较严重的地方去网,从而避免一些细节被抹杀;

4. 在细部刻画的时候多参照扫描原稿,分清图像本身的细节(比如一些小点、细线)和扫描产生的杂点、划痕的区别,避免图像精彩部分的损失;

5. 由于扫描仪设备和其他一些因素的原因,扫描文件的色彩或多或少和扫描原稿有出入,可以使用 Photoshop 的颜色调整来达到最佳的色彩效果。

项目二　Photoshop 滤镜对原稿的修复

工作情景　在工作中,小王还收到客户提供的由于拍摄 ISO 设置不妥的原稿,这种数码相机照片会有明显的噪点,需要清除。在有些设计效果中,需要把图片局部区域进行模糊处理,从而加强图片的景深效果、柔和效果以及动感效果。为了对图片人物的美化处理,需要对人物的整体尤其是面部做特殊处理,从而满足设计主题的需求。下面就开始针对上述问题工作吧。

活动一　Photoshop 滤镜给照片去噪

活动任务　给数码相机拍摄的照片去除噪点。

活动引导　往往由于相机品质或者 ISO 设置不正确等原因,数码相机照片会有明显噪点,但是,通过后期处理可以将这些问题解决。在 Photoshop 中为照片去除噪点,那些被视为有瑕疵的照片可以利用 Photoshop 强大的修复功能使其更加完美!

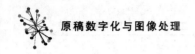

1. 启动 Photoshop 后打开待处理的照片,将图像显示放大至 200%,以便局部观察,如图 3-23:

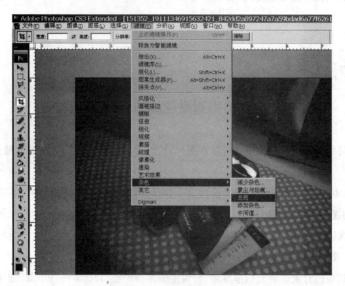

图 3-23 在 Photoshop 中打开待处理照片

2. 选取菜单命令"滤镜"→"杂色"→"去斑"命令。执行后你会发现细节表现略好,不过会存在画质丢失的现象。

3. 再选取菜单命令"滤镜"→"杂色"→"蒙尘与划痕"命令。通过调节"半径"和"阈值"滑块,同样可以达到去除噪点效果,通常半径值 1 像素即可;而阈值可以对去除噪点后,画面的色调进行调整,将画质损失减少到最低。设置完成后按下"确定"按钮即可,如图 3-24:

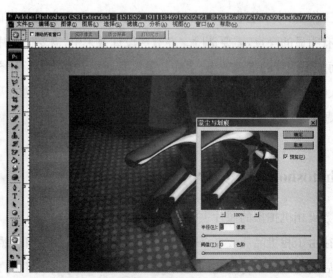

图 3-24 利用"蒙尘与划痕"窗口来去除照片的噪点

如果你对照片画质要求不是很苛刻,在 Photoshop 中用第 2 步介绍的"去斑"命令即可。当然,如果照片属于相片或者印刷之类对品质要求较高,建议通过第 3 步的方法仔细调整参数,反复对比画质变化效果。

活动二　Photoshop 模糊滤镜应用

活动任务　利用 Photoshop 模糊滤镜使图片柔和、增强景深、产生动感效果。

活动引导　模糊滤镜组主要用于不同程度地减少相邻像素间颜色的差异,使图像产生柔和、模糊的效果。

(一) 模糊 Blur

该滤镜使图像变得模糊一些,它能去除图像中明显的边缘或非常轻度的柔和边缘,如同在照相机的镜头前加入柔光镜所产生的效果。

(二) 进一步模糊 Blur More

与 Blur 滤镜产生的效果一样,只是强度增加 3—4 倍。

(三) 高斯模糊 Gaussian Blur

该滤镜可根据数值快速地模糊图像,产生很好的朦胧效果。高斯是指对像素进行加权平均所产生的钟形曲线。选择高斯模糊后,会弹出一个对话框,在对话框的底部我们可以利用拖动划杆来对当前图像模糊的程度进行调整,还可以输入半径(R)的像素值。

(四) 动感模糊 Motion Blur

该滤镜模仿拍摄运动物体的手法,通过对某一方向上的像素进行线性位移产生运动模糊效果。动感模糊是把当前图像的像素向两侧拉伸,在对话框中我们可以对角度(Angle)以及拉伸的距离进行调整。同上,拖动对话框底部的划杆来对模糊的程度,以及输入数值进行调整。

(五) 径向模糊 Radial Blur

该滤镜可以产生具有辐射性模糊的效果。即模拟相机前后移动或旋转产生的模糊效果。

模糊的方法 Blur Method:

旋转 Spin:它把当前文件的图像由中心旋转式的模糊,模仿漩涡的质感。

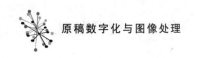

缩放 Zoom：把当前文件的图像由缩放的效果出现，做一些人物动感的效果特别好。

模糊的品质 Quality：

一般 Draft：模糊的效果一般。

好 Good：模糊的效果较好。

最好 Best：模糊的效果特别好。

（六）特殊模糊 Smart Blur

该滤镜能找出图像的边缘并对边界线以内的区域进行模糊处理。它的好处是在模糊图像的同时仍使图像具有清晰的边界，有助于去除图像色调中的颗粒和杂色。

弹出特殊模糊的对话框后命令显示如下：

半径 Radius：以半径进行模糊。

阈值 Threshold：调整我当前图像的模糊程度。

（七）动感模糊滤镜模拟高速跟拍效果实例

1. 打开要增加动感效果的图片，如图 3-25：

图 3-25　在 Photoshop 中打开要增加动感效果的图片

2. 按 Ctrl＋J 组合键，在图层调板中复制背景图层。

3. 点击"滤镜"菜单，在模糊菜单项中选"动感模糊"，打开"动感模糊"对话框。模

糊取向角度选 4 度,距离决定了模糊的程度,可由滑块调节,此处为 203 左右,照片变得很模糊,如图 3-26:

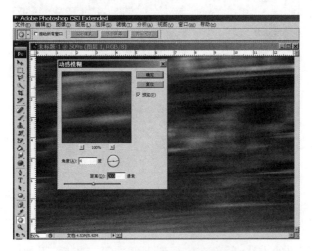

图 3-26 在"动感模糊"窗口中的操作

4. 按 Alt 键的同时,点击图层调板底部的图层蒙板图标。按 Alt 键是用黑色填充蒙板,隐藏刚刚所用的动感效果。此时,照片又变得和步骤 1 中一样清晰,如图 3-27:

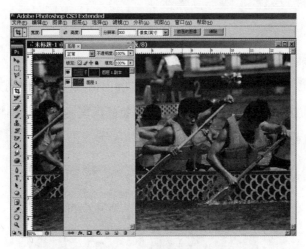

图 3-27 隐藏动感效果

5. 在工具箱选择一种中等尺寸的软边画笔,按下字母 x 键,使前景色为白色。然后,在需要具有动感效果的区域涂抹,图层动感效果就会逐渐显露出来。如果,你不小心涂错了地方,可以把前景色切换为黑色,重新补救。软边画笔除尺寸可调外,透明度也可以调节,如图 3-28 所示:

图 3-28 软边画笔的调节

注：该方法的好处是涂抹时，可以很清楚地看到需保留的区域。

还有一种更简单的方法，就是在执行到上面的第三步后，不加图层蒙板，直接用历史纪录画笔或橡皮擦工具，调节其大小和透明度，慢慢擦出需要保留的区域（这一点和上面方法不同，上面是在清晰的画面中擦出动感区域）。此法缺点是在已模糊的照片上擦出保留区域，不如上法方便。

（八）径向模糊滤镜模拟爆炸变焦实例

该方法和上面例子的唯一不同点是滤镜的选用。

其中前两步都一样，从第 3 步开始不同。

1. 打开"滤镜"菜单，选"模糊滤镜"项中的"径向模糊"滤镜，模糊方法中选"缩放"，数量调到 20，品质选"好"或"最好"，点击"好"，照片就变为放射状模糊，其中数量值决定了放射模糊的程度，如图 3-29：

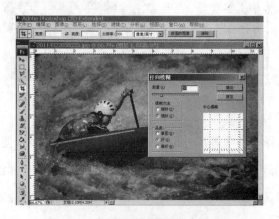

图 3-29 在"径向模糊"窗口中的操作

2. 第 4 步开始,实际也是一样的,也是加蒙版,再擦出模糊区,效果如图 3-30:

图 3-30　径向模糊效果图

如果在第 3 步如果选中旋转,得到的结果是环状模糊。可视需要而选用。

(九) 轻松控制照片景深实例

在 Photoshop 中,对景深进行处理,首先需要使用钢笔工具完成主体与背景的分离,然后通过模糊工具虚化主体以外部分。Photoshop 为我们提供了极大的创作空间。

1. 打开需要处理的照片,如图 3-31 所示。在图中被摄主体后面的栏杆甚是碍眼,如果使用较大光圈,则会好得多。

图 3-31　主角背后铁花栏杆甚是碍眼

2. 在工具箱中选取"路径"工具,通过调节贝赛尔曲线,将被摄主体完全勾勒,形成一个封闭的路径,如图 3-32 所示:

图 3-32　用贝赛尔曲线将被摄主体完全勾勒

　　3. 调出路径控制面板，双击"路径 1"保存路径，在弹出的对话框中输入路径名并按下"确定"按钮。按下路径控制面板的"向右三角形"，在弹出的菜单中选择建立选区命令，输入羽化值为 10，如图 3-33 所示。为了使被摄主体与背景虚化后不至于与主体区别太明显，给人以太假的感觉，所以必须使用羽化命令。它能使被摄主体边缘与背景在虚化的时候产生自然过渡，达到逼真效果。

图 3-33　对图片进行羽化渲染

　　4. 选取菜单命令"选择"→"反选命令"，将背景作为选择区。

　　5. 选取菜单命令"滤镜"→"模糊"→"高斯模糊"命令，在弹出的模糊界面，通过预览窗口调节模糊值，直到满意为止，如图 3-34 所示。输入完成后确定退出。

图 3-34　加高斯模糊效果

效果对比如图 3-35 所示：

图 3-35　人工背景虚化前后效果对比

活动三　Photoshop 表面模糊滤镜快速去斑

活动任务　根据设计需要去除人物面部斑点，美化主题。

活动引导　在获得的设计人物素材中，许多需要去除脸部斑点，尤其是西方人物脸部的情况更为严重。有些人物照片可能是在拍照时光线不够，脸部会有大量的杂色。为了美化人物，需要去除斑点和杂色。

1. 打开图像，左键按住背景层拖到复制图层处，松开鼠标，得到背景副本，如图 3-36：

图 3-36　建立背景副本

2. 点击"滤镜"→"模糊"→"表面模糊"，如图 3-37：

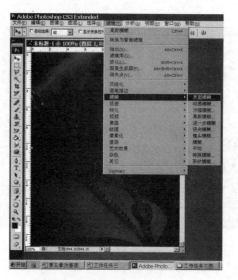

图 3-37　执行"表面模糊"操作

3. 在弹出的对话框中，设置参数，如图 3-38。半径值根据观察图像变化调节到刚好消除斑点时停止，注意阈值也是如此调节，不可太大，太大了将会影响整幅图像的清晰度。

4. 我们看到本图色阶明显偏暗，将白色三角调到左边曲线上升的起始点，如图 3-39，可以看见图像明显清晰透亮了，确定退出。

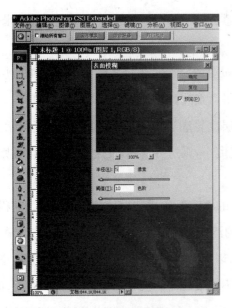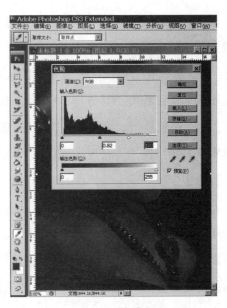

图 3-38 设置表面模糊参数 　　　　图 3-39 调整色阶

5. 最终效果如图 3-40：

图 3-40 去斑增亮最终效果图

项目三 　原稿清晰度的提高

工作情景 在印刷领域,复制图像的清晰度是判断图像复制质量和效果的重要指标之

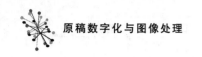

一。它是实现记录景物阶调、颜色、质感、立体感、透视感等的基础。所谓清晰度是指图像细节的清晰程度。图像清晰度包括：

（1）是否能分辨出图像线条间的区别，亦即图像层次对景物质点的分辨或细微层次质感的精细程度。其分辨率愈高，图像表现得愈细致，清晰度愈高。

（2）衡量线条边缘轮廓是否清晰，即图像层次轮廓边界的虚实程度，用锐度表示。其实质是指层次边界密度的变化宽度。变化宽度小，则边界清晰，反之，变化宽度大，则边界发虚。

（3）指图像明暗层次间，尤其是细小层次间的明暗对比或细微反差是否清晰。获得清晰的分色片是彩色制版的主要目标，分色片的清晰度基本上决定了复制图像的质量。可以认为，如果一幅图像的清晰度（细节层次）得以充分再现，则输出的分色片质量高，图像的复制质量也高。反之，如果分色片质量低，不管最后印刷技术和设备如何，其最终印刷出的图像的质量是绝不会理想的。小王在工作岗位上处理的绝大部分原稿的清晰度是不能达到上述要求的，因此，必须对大部分的印前原稿进行提高清晰度的处理。

活动一　图像复制中影响图像清晰度的因素和调整

活动任务　通过网络和书籍了解影响图像清晰度的因素和调整方法。

活动引导　在图像复制生产中，通常要求原稿具有理想的色彩表现、丰富的阶调层次以及较高的清晰度。但有时客户拿来的原稿清晰度欠佳，而复制过程中又会受到许多因素的影响，使图像的原有清晰度下降。一旦客户拿来的原稿清晰度欠佳，又是独一无二的，也不可能重拍，该怎么办呢？

（一）图像复制中影响图像清晰度的因素

在图像复制过程中，有很多因素会影响特别是会降低图像的清晰度。

1. 图像扫描输入过程：在图像扫描输入过程中，由于扫描仪的扫描光孔是有一定大小的，经扫描后的图像轮廓边缘的清晰度会受到很大的影响，原本清晰的原稿图像边缘经扫描后所得数字图像的边缘则变得模糊了。

2. 反差压缩：印刷图像反差通常都低于原稿反差，也就是说印刷过程中，一般要压缩原稿图像的反差。反差压缩后导致视觉对细节间的分辨力下降，使图像清晰度降低。

3. 图像网点化：印刷图像是用网点大小、疏密等变化来再现原稿图像的颜色和层次变化的，连续调图像经加网后，即图像网点化后，其图像内容的细腻光滑程度肯定不如连续调图像。原稿一般由染料颗粒或银颗粒构成,其解像力可达 60—70 线每毫米,而加网图像的网目线数一般为 4—7 线每毫米,从而使图像细节边缘粗糙,降低了图像清晰度。

4. 图像复制光学系统的误差:图像复制光学系统如扫描仪、记录系统等的光学系统的分辨率是有限的,而且存在一定的色差和其他光学误差,这是会降低图像清晰度的,特别是质量、精度较低的扫描仪、输出设备,图像清晰度降低是不可避免的。

5. 印刷条件:印刷过程中所采用的纸张平滑度、印刷压力、套印准确度、油墨在纸张中的渗透等都将影响印刷图像的清晰度。因此原稿图像经过复制传递后,其清晰度不可避免地会降低,为使印刷图像保持较高的清晰性,图像处理过程中必须对其清晰度进行强调。

一旦客户拿来的原稿清晰度欠佳,又是独一无二的,也不可能重拍,该怎么办呢?也许读者们会回忆起曾经的照相蒙版、电子虚光蒙版等。是的,真正要提高图像的清晰度,其基本原理还是离不开虚光蒙版。下面列举几种效果还不错的方法。

(二) 图像清晰度的含义

图像清晰度是指图像轮廓边缘的清晰程度,它包括三方面内容。

1. 分辨出图像线条间的区别。即图像层次对景物质点的分辨率或细微层次质感的精细程度。

2. 衡量线条边缘轮廓是否清晰。图像层次轮廓边界的虚实程度常用锐度表示,其实质是指层次边界渐变密度的变化宽度。若变化宽度小,则边界清晰;反之,则边界发虚。

3. 细小层次间的清晰程度。尤其是细小层次间的明暗对比或细微反差是否清晰,图像的清晰度也被称为细微层次。

(三) 分辨率和清晰度的关系

分辨率是个非常琐屑的物理概念。从不同的标准出发,可以形成几十个不同的分类,扫描仪的分辨率、数码相机的分辨率、喷绘机的分辨率,印刷分辨率、显示分辨率,横向分辨率、纵向分辨率,ppi、dpi、Lpi 等等。但从实用上看,你只要知道一点就够了:分辨率是指单位长度上有多少个表现单元。这里所谓"单元",可以是一个像素,可以是一个点,也可以是一个墨滴。习惯上,分辨率以英寸为单位。当我们说某图像的分辨率是 300 的时候,就是说在一英寸见方的面积上有 90 000 个点。分辨率的高低取决于器材。因此总是有限的,不可能无限增高。坚持把手机拍的照片做对开的输出,只能看见马赛克。

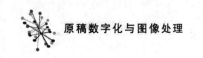

但数学家们可以在一定程度上帮助我们。他们通过分析相邻像素的关系，可以用所谓"插值"方法，有分寸地"提高"一些分辨率。我们在 Photoshop 中可以适当地放大图像然后输出，就是基于这一原理。但不要忘记，这是非常有限的。分辨率在本质上并没有提高，只是看上去被提高了。一种受欢迎的视觉欺骗。

现在说清晰度。清晰度是边界锐度、层间微反差和质感的共同作用的结果。同分辨率比较，清晰度更像是一种心理学范畴。很明显，要想获得高清晰度，必须有高分辨率，但前面已经知道，反之不然。有了高分辨率，不一定就有高清晰度。在清晰度的三要素当中，分辨率只影响第三点：质感。但既然我们可以通过插值"提高"一些分辨率，当然也就可以通过插值"提高"一些清晰度。这是提高分辨率的第一个途径。第二个途径是提高锐度。当然也是插值锐度。第三个途径是提高反差。当然，还是插值的反差。

Photoshop 全方位地提供了三个途径。当然，也有第三方软件提供更优的选择。有专门提高分辨率的、专门提高锐度的、专门提高反差的。这些都是题外话。

（四）提高数字图像清晰度的方法

Photoshop 中有多种滤镜，如 Unsharp Mask（即 USM 虚光蒙版）、Sharpen More（进一步锐化）、Sharpen（锐化）、Sharpen Edges（锐化边缘）等，都可以提高图像清晰度。其中 Sharpen More、Sharpen 滤镜都是通过提高与周围像素点的对比度来提高图像的清晰度，但不能过量使用，否则会出现明显的噪声点；Sharpen Edges 滤镜仅用于锐化图像的边缘。通过实践得出较为实用的下面两种方法。

1. 方法一

通常采用 Unsharp Mask 滤镜来锐化层次较丰富的图像清晰度。其工作原理是把图像中某一个像素与周围像素进行比较，如果两者之间的差值较大，Unsharp Mask 滤镜就把两者之间的反差变得更大，其结果是在边缘上产生了一种虚晕效果，图像看起来就更清晰。实际上 Unsharp Mask 滤镜并不能提高图像本身的清晰度，它只是加大了像素之间的反差，突出了图像边缘高反差像素的变化，使图像看起来更清晰。但锐化过程中要对图像的每一个像素实施处理，所以应用 Unsharp Mask 滤镜存在一定的弊端。

（1）需要花较长的处理时间，尤其是对于大图像而言更是如此。

（2）在图像像素差值较小的平缓区域也会产生明显的纹理，即在原本柔和的画面上也会产生明显的噪声。针对这一情况，在具体操作中要尽可能通过修改 Unsharp Mask 滤镜所提供的虚蒙量（Amount）、半径（Radius）和阈值（Threshold）等参数，来达到比较满意的锐化效果。图 3-41 为调整前后的对比，控制面板是调整时的参数设置，仅供参考。针对不同的图像,调整参数有所变化,要灵活运用。

图 3-41　图像 USM 锐化前后对比

2. 方法二

与第一种方法相比,这种操作方法稍微复杂一些,但多次使用证明,其效果比方法一要略胜一筹。具体操作如下。

1. 打开原图,再打开通道面板,比较 R、G、B 三个单色通道,选出画面层次较好的那个单色通道并复制(本例中选择了蓝单色通道),在通道面板上出现一个"蓝副本",如图 3-42 所示:

图 3-42

2. 点击"菜单"→"滤镜"→"风格化"→"照亮边缘",弹出控制面板,设置好调整参数后点"确定"。如图 3-43 所示:

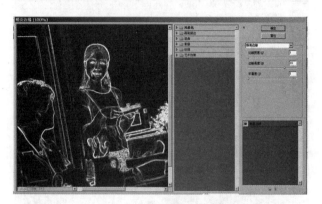

图 3-43

3. 点击"菜单"→"滤镜"→"模糊"→"高斯模糊",弹出控制面板,设置模糊半径为 1.5 像素,如图 3-44 所示:

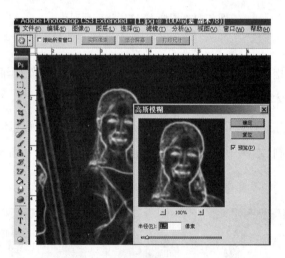

图 3-44

4. 点击"菜单"→"图像"→"调整"→"色阶",弹出控制面板(如图 3-45 所示)。其中"输入色阶"的数据分别调整为 16、1.00、185。操作时要注意观察画面,把需要强调的部分显示出来即可。

5. 载入"绿副本"单色通道的选区(可按住 Ctrl 单击"绿副本"通道来载入选区),然后回到图层面板,复制背景层,出现"背景层副本"。

6. "菜单"→"滤镜"→"艺术效果"→"绘画涂抹",弹出对话框,调整参数,如图 3-46 所示。取消选区,再调整"背景层副本"的不透明度。

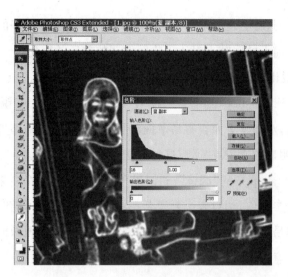

图 3-45

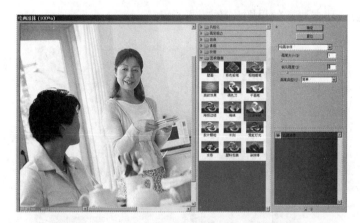

图 3-46

图 3-47

操作结束后可得到如图 3-47 所示的调整后图像。这种方法得到的图像清晰度高，

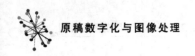

不仅是脸上轮廓分明,睫毛也清晰可见,甚至头发的质感也有良好的表现,此时可通过点按"背景层副本"前面的眼睛来对比人物图像调整前后的变化。

3. 上述两种不同锐化方法的比较如下:

(1) 直接利用 Photoshop"滤镜"→"锐化"→"锐化"(或进一步锐化)调整,操作步骤简单没有参数可调,对初学者而言容易掌握,但这种锐化只能稍作处理,而不能过于强调,否则就会出现明显的噪声点,所以这种方法不是很适用。

(2) 利用 Photoshop 中的"滤镜"→"锐化"→"USM 锐化"命令来强调清晰度,因为要调整相关的 3 个参数值,相对来说要复杂一些,但在调整时可随时观察变化情况,稍作训练还是比较容易掌握的。但这种方法的调整结果是人物图像的肤色比较理想,而发质不是很令人满意。

(3) 方法二虽然操作过程相对复杂,但调整后的效果较为理想。

锐化方法一和方法二效果图比较如图 3-48:

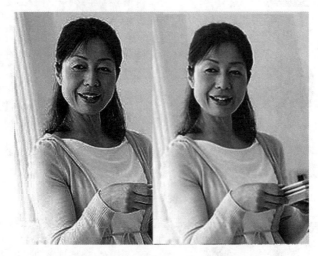

图 3-48　两种图像锐化方法的效果比较

活动二　印前图像 Photoshop USM 锐化

活动任务　使用 USM 锐化、Lab 明度锐化、亮度锐化滤镜对原稿作锐化处理。

活动引导　明度锐化和亮度锐化这两种方法操作步骤简单,是很多专业人士经常使用的方法,而极致边界锐化则可以对图像锐化边界获得更多的控制权,但操作步骤要复杂一些;印前图片的锐化有一定针对性,选择性锐化的方法同样适用于明度锐化、亮度锐化和极致边界锐化等所有的锐化方法,它是在原来锐化的基础之上的提高操作。

在佳能的官方网站上下载了一张 5D Mark Ⅱ的样片,取其局部进行演示,如图 3-49:

图 3-49　佳能 5D Mark Ⅱ 样片

（一）基本锐化技术:USM 锐化:

　　USM 锐化在 Photoshop 锐化滤镜中是被用得最多的一种锐化工具,它提供了对锐化过程的最大控制空间。在"USM 锐化"对话框中有三个滑块:数量、半径和阀值。"**数量**"决定应用给图像的锐化量;"**半径**"决定锐化处理将影响到边界之外的像素数;"**阀值**"决定一个像素在被当成一个边界像素并被滤镜锐化之前与其周围区域必须具有的差别。如图 3-50 所示:

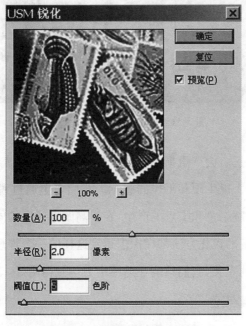

图 3-50　"USM 锐化"对话框

数量、半径的数值越大,锐化程度越重,而阀值则正好相反。从这三个参数的定义,我们也很容易明白,为什么 USM 滤镜没有一个包打天下的参数设置。一般情况下,当锐化柔和的主体时,如人物、动物、花草等,"数量"选大一些,"半径"选小一些;当需要最大锐化时,如大楼、硬币、汽车、机械设备等,"数量"选小一些,"半径"选大一些。"半径"的取值在极端情况下,也不应大于 5。

通过下面这张对比图可以看出,USM 锐化使临界像素两端的像素产生与原来像素或明或暗的变化,是一个加强和拉大临界像素反差的操作过程,变不明显的模糊界线为明显界线,使我们看上去感到图像变清晰了。USM 锐化的这个操作,也同样导致了图像出现了明显的色彩像素斑块,为图像引入了杂色和噪点。USM 锐化局部放大对比,如图 3-51:

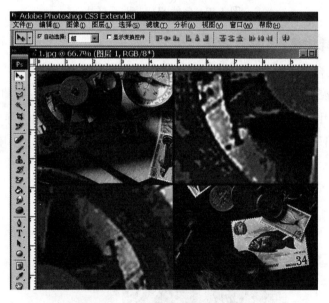

图 3-51　USM 锐化局部放大对比

所以,USM 锐化过头,会严重损害图像质量,造成杂色和噪点,严重的时候是图像边缘过渡层次消失,给人以生硬和干燥的感觉。我们希望通过锐化操作来提高数字图片的边界反差,同时控制杂色和噪点的产生,在提高图像锐度的同时能尽量保留过渡的层次和细节。几乎所有的锐化方法都在探求得到这样的一个理想结果。但目前还没有一种锐化方法可以达到完美,我们只能在遗憾中力争做得更好。

（二）Lab 明度锐化实例

第一步:在 Photoshop 中打开需要锐化的图像,复制一个副本,如图 3-52:

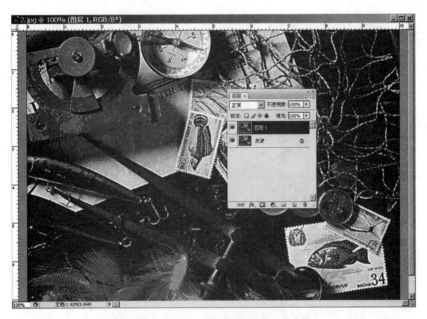

图 3-52 为需要锐化的图像建立副本

第二步：点击菜单"图像"→"模式"→"Lab 颜色"，将图像的 RGB 模式转为 Lab 模式，如图 3-53：

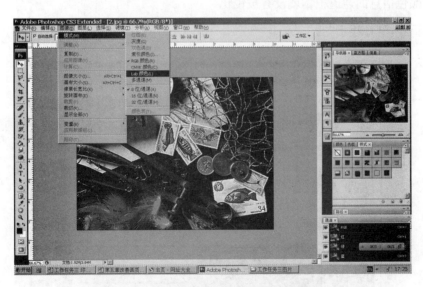

图 3-53 将图像的颜色模式改为 Lab 模式

我们在"通道"面板里可以发现，原来的"RGB"、"红"、"绿"、"蓝"四个通道变成了"Lab"、"明度"、"a"、"b"四个通道。Lab 是一个组成通道，明度通道包含图像的亮度及细节信息，a 通道和 b 通道包含颜色信息，如图 3-54：

图 3-54　Lab 颜色模式对应的通道面板

　　通过这个转换,我们把图像的亮度及细节信息与颜色信息分离开了。当我们只对明度通道这一只包含亮度和细节的黑白通道应用 USM 锐化时就可以避免出现杂色,因为有颜色信息的通道根本就没有被锐化。

　　第三步:现在单击"明度"通道,并对其应用 USM 锐化,如图 3-55:

图 3-55　对"明度"通道应用 USM 锐化

改变参数,再锐化一次,如图 3-56:

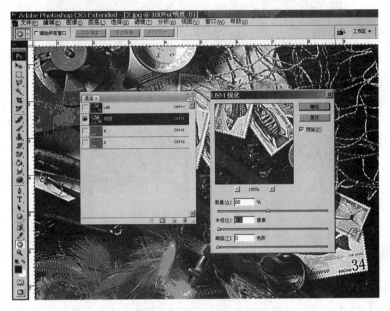

图 3-56　再次改变"明度"通道 USM 锐化的参数

这里用了两次小参数的锐化,其目的是在提高锐化效果的同时控制锐化对图像质量的损害。

第四步:锐化完成,重新回到 RGB,如图 3-57:

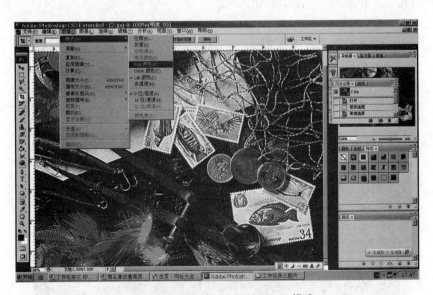

图 3-57　完成锐化之后返回 RGB 模式

Lab 锐化的效果如图 3-58:

图 3-58　Lab 锐化效果

（三）亮度锐化

亮度也是一种非常受欢迎的锐化技术，有些印前图片处理人员对它的喜爱程度甚至超过了 Lab 锐化。Lab 锐化和亮度锐化都只锐化亮度（而不是包含颜色信息的整个图像），因此，从理论上讲，它们所执行的操作是一样的。

第一步与前面一样，打开需要锐化的图像，复制一个图层副本。

第二步：点击"菜单"→"锐化"→"USM 锐化"，对副本图层应用 USM 锐化。采用与 Lab 锐化时一样的锐化参数，如图 3-59：

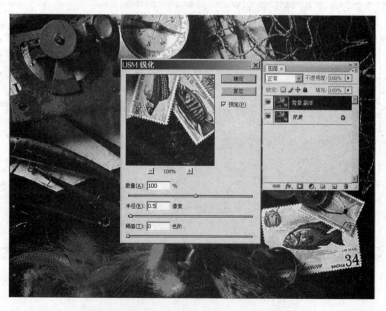

图 3-59　采用与 USM 锐化一样的锐化参数

第三步：点击菜单"编辑"→"渐隐 USM 锐化"，如图 3-60：

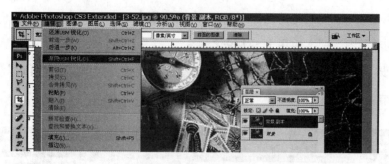

图 3-60 选择"渐隐 USM 锐化"

在"渐隐"对话框中："模式"选择"明度"，如图 3-61：

图 3-61 "渐隐"对话框的设置

改变 USM 的参数：数量 = 85，半径 = 0.3，阈值 = 0，重复第二步和第三步。到此锐化结束，看看效果图 3-62：

图 3-62 亮度锐化效果

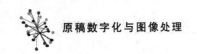

（四）最简单的锐化技法：改进亮度锐化

第一步：打开需要锐化的图像，复制一个图层副本。

第二步：对图层副本应用 USM 锐化。

第三步：USM 锐化结束后，在图层面板直接将锐化图层的"混合模式"修改为"亮度"，锐化结束，如图 3-63：

图 3-63　改进亮度锐化

一个有用的且常常被忽略的的操作：锐化操作结束后，将锐化图层按 100% 正常显示，调节锐化图层的不透明度滑块，观察图像边界的锐度，直至到自己满意的程度为止。

小结：

1. 在相同锐化参数的条件下，USM 直接锐化、Lab 明度锐化和亮度锐化都获得了相同的边界效果。

2. 三种锐化都对图像质量产生了损害，相邻像素的反差加大了，图像边缘的过渡效果减弱了。

3. USM 锐化产生了明显的颜色斑点，即生成了杂色噪点。

4. Lab 锐化和亮度锐化效果基本一致。仔细观察，Lab 锐化略好。

活动三　智能锐化滤镜进行锐化处理

活动任务　使用智能锐化滤镜对原稿作锐化处理。

活动引导　"智能锐化"滤镜具有"USM 锐化"滤镜所没有的锐化控制功能。可以设置锐化算法,或控制在阴影和高光区域中进行的锐化量。

基础操作说明如下:

1. 将文档窗口缩放到 100%,以便精确地查看锐化效果;

2. 选取"滤镜"→"锐化"→"智能锐化";

3. 设置"锐化"选项卡中的控件:

(1) 数量。较大的值将会增强边缘像素之间的对比度,从而看起来更加锐利。

(2) 半径。决定边缘像素周围受锐化影响的像素数量。半径值越大,受影响的边缘就越宽,锐化的效果也就越明显。

(3) 移去。设置用于对图像进行锐化的锐化算法。"高斯模糊"是"USM 锐化"滤镜使用的方法。"镜头模糊"将检测图像中的边缘和细节,可对细节进行更精细的锐化,并减少了锐化光晕。"动感模糊"将尝试减少由于相机或主体移动而导致的模糊效果。如果选取了"动感模糊",须设置"角度"控件。

(4) 角度。为"移去"控件的"动感模糊"选项设置运动方向。

注:用更慢的速度处理文件,以便更精确地移去模糊。

使用"阴影"和"高光"选项卡调整较暗和较亮区域的锐化。(单击"高级"按钮可显示这些选项卡。)如果暗的或亮的锐化光晕看起来过于强烈,可以使用这些控件减少光晕,这仅对于 8 位/通道和 16 位/通道的图像有效:

(1) 渐隐量。调整高光或阴影中的锐化量。

(2) 色调宽度。控制阴影或高光中色调的修改范围。向左移动滑块会减小"色调宽度"值,向右移动滑块会增加该值。较小的值会限制只对较暗区域进行阴影校正的调整,并只对较亮区域进行"高光"校正的调整。

(3) 半径。控制每个像素周围的区域的大小,该大小用于决定像素是在阴影还是在高光中。向左移动滑块会指定较小的区域,向右移动滑块会指定较大的区域。

完成以上设置之后,单击"确定"。

智能锐化滤镜是将原有锐化滤镜阈值功能变成高级锐化选项,添加了图像高光、阴影的锐化。它能更有效地将图像清晰处理。

(一)人物脸部智能锐化实例操作

1. 打开需要智能锐化的照片,可以看到该照片中人物的面部不够清晰,特别是脸部和发丝的部分更显得不清晰,如图 3-64 所示:

图 3-64　需要智能锐化的照片

2. 执行"滤镜"→"锐化"→"智能锐化"命令。弹出"智能锐化"对话框,设置"数量"为 131,"半径"为 1.0 像素,移去选择"高斯模糊",如图 3-65 所示:

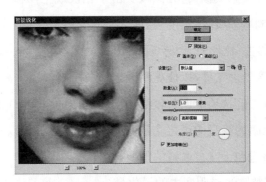

图 3-65　"智能锐化"对话框的设置

3. 此时照片比原始照片清晰多了,下面我们再进行一次智能锐化,如图 3-66 所示:

图 3-66　执行智能锐化后的效果

4. 将锐化后的图层复制一个副本,设置背景副本的图层混合模式为"柔光"。同时将图层的不透明度设置为 70％。这样处理后的照片看起来更加自然细腻,如图 3-67:

图 3-67　调节图层混合模式后的效果

5. 如果觉得不够满意,还需要让照片更加清晰,可以再将图层副本进行复制,复制出图层副本 2,将图层副本 2 的混合模式为"柔光",同时将图层副本 2 的不透明度设置为 50％。现操作全部完成,得到一张清晰的照片,如图 3-68 所示:

图 3-68　图层混合效果

（二）花朵智能锐化实例操作

1. 打开实例"花朵"照片,如图 3-69:

这张照片虽然效果不错,但如果用 Photoshop 智能锐化滤镜可以使花朵纹理显得更清晰一些,并且不改变花朵边缘的叶子和背景的图案。

图 3-69 实例原片

2. 打开"滤镜"菜单下"锐化"中"智能锐化"滤镜，首先设置"锐化"的参数，选中"移去"的模式为"镜头模糊"，同时选中"更加正确"。然后一边调节数量和半径的数值，一边浏览画面的变化，如图 3-70：

图 3-70 "智能锐化"对话框中的基本设置

3. 想要不改变叶子和背景的图案，又要突出花朵的纹理，这需要打开锐化工具的"高级"设置选项。叶子和背景在画面中颜色暗淡正好符合"阴影"的要求，在"阴影"设置界面把"渐隐量"和"色调宽度"设置为 100％，半径值降低为"1"，如图 3-71：

这样，前面"锐化"设置的锐化效果对画面上的阴影暗淡部位的作用就不明显了。

4. 在花朵画面中，是属于高光部分，因此把"高光"的参数值正好与"阴影"的参数相反即可。最后就可得到比原图像更清晰的花朵摄影作品，如图 3-72 所示：

图 3-71　"智能锐化"对话框中的高级设置

图 3-72　执行智能锐化后的效果

活动四　模糊图片锐化处理的总结

活动任务　掌握各种模糊原稿锐化处理的方法。

活动引导　锐化须注意：一定在其他后期处理都完成了再进行；宁可不那么锐，也不要锐过头。Photoshop 提供了多种实现锐化的手段，我们必须根据原稿的实际情况，使用不同的方法和手段，分别对待处理，最后才能符合印刷的质量要求。

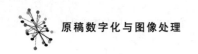

（一）方法一：简单的处理

如果要对整张图片进行快速修复，可用"USM锐化"滤镜。

菜单"滤镜"→"锐化"→"USM锐化"，弹出锐化对话框。一般设置：较大的数量值，以取得更加清晰的效果，较小的半径值，以防止损失图片质量；最小的阈值，以确定需要锐化的边缘区域。

（二）方法二

1. 打开照片；

2. 复制背景图层；

3. "图像"→"调整"→"去色"；

4. "图层调板"→"叠加"；

5. "滤镜"→"其他"→"高反差保留"，半径不可太大，一般选0.7—1.2像素；

6. 再复制滤镜后的图层（Ctrl＋J），复制的次数以不产生噪点为宜；

7. 合并图层。

（三）方法三

1. "Ctrl＋J"创建副本，对副本模式选择"亮度"；

2. 选择"滤镜"菜单下的"锐化"→"USM锐化"命令，在设置窗口中适当调节一下锐化参数，根据原图模糊的情况来调节，本图采用锐化数量为"150％"，半径是"1"像素，阈值不变；

3. 经过第二步，为照片清晰大致做了个基础。接着选择"图像"菜单下"模式"→"Lab颜色"命令，在弹出的窗口中选择"拼合"图层确定；

4. 在Lab模式下，再创建副本；

5. 在"通道"面板中看到图层通道上有了"明度"通道，选定这个通道，再使用"滤镜"菜单的"锐化"→"USM锐化"命令，设置好锐化参数将这个通道锐化处理；

6. 返回图层面板，把副本图层的模式修改为"柔光"，调节透明度为30％。

（四）方法四

1. 执行"滤镜"→"锐化"→"智能锐化"命令；

2. 将"背景"图层，进行复制，在"背景副本"图层上，执行快捷键"Ctrl/Command（Mac）＋F"，将"智能锐化"，一共执行两遍，如果觉得不够清晰，可以执行多次；

3. 将"背景副本"的图层混合模式，改为"柔光"，不透明度改为70％；

4.将"背景副本"图层,进行复制,重复第三步和第四步的操作,将新得到的图层不透明度改为 50％。

（五）方法五

1.打开一张模糊的照片;

2.选择通道——红色通道;

3.复制红色通道;

4.执行"滤镜"→"风格化"→"照亮边缘"(建议数值:边缘宽度 1;亮度 20;平滑度 3);

5.执行"滤镜"→"模糊"→"高斯模糊"(建议数值:半径为 2);

6.调整色阶;

7.将红色副本通道载入选区,回到图层面板,然后复制图层;

8.选择"滤镜"→"艺术效果"→"绘画涂抹"(建议数值:画笔大小 1;锐化 25);

9.再复制一个图层,使不透明度为 30,放在副本图层的下面;

10.选择副本图层,模式设为"滤色"。

项目四　印前显示设备的色彩校正

工作情景　在图文设计印刷企业,印前设计师几乎天天和显示器打交道,原稿的首次目测检测,一般是在显示器上完成的,因此,校正显示器非常重要,必须让显示器在标准的色温、对比度、亮度和准确的显示器 ICC 文件下工作,才能保证看到的图像颜色是正确的,也才能作出正确的判断。作为印前设计师的小王,印前色彩管理的重点在于使各类制作软件在显示器上显示的图像与颜色与打样印刷品相接近,最终使色彩还原更加准确,因此显示器的校正是最终印刷色彩还原的关键环节之一。

活动一　调校显示器

活动任务　通过软件和硬件方法调校自己使用的显示器,为图像调色做好准备工作。

活动引导　我们的显示器用得好好的为何要调校?喜爱摄影的人们或许会遇到这样的问题,自己在相机屏幕上看到自己拍的图片色彩饱满,亮度适中。但是当把相机拍摄的

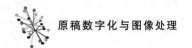

图片在电脑中打开后,显示器屏幕上显示的照片与之前看到的感觉完全不同。下面从一个实验开始我们的显示器调校工作。

第一步,拍摄静物。首先,我们使用尼康 D90 相机拍摄一个色彩鲜艳的耳机,如图 3-73。此时由于此图我们同样是用另一台尼康 D90 使用 P 档拍摄,所以我们看到的相机屏幕亮度稍高。

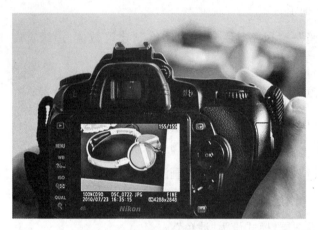

图 3-73 尼康 D90 拍摄的耳机

第二步,观察某品牌显示器显示效果。然后我们在显示器中来看我们拍摄的图片,如图 3-74。显示器我们设定为出厂设置。然后使用 D90 再次拍摄,那么显示效果究竟如何呢?

图 3-74 照片在显示器中的显示效果

实际照片如图 3-75:

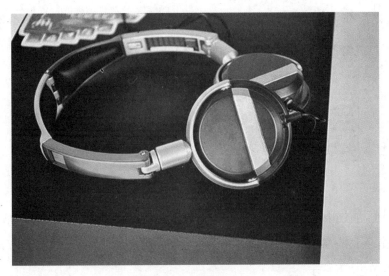

图 3-75　照片原图

　　最终，我们再来看一下第一步拍摄的原图。不管您的显示器显示效果如何，仔细辨析第二步和最终的图片，不难看出二者显示还是有差异的。在这种情况下，用户对照片进行后期处理就略显吃力。这并不算是显示器本身质量问题，而是色彩设置出现问题。所以用户通过调校显示器后，可以达到一个相对标准的水平。

　　随着显示技术的提高，不少品牌的显示器也都推出了各种显示增强技术。虽然这有助于增强您的感官效果，但是当其他用户显示器没有这个功能的时候，彼此屏幕显示的效果就完全不同了。

　　既然已知我们的显示器在色彩方面可能会存在着不足，那么我们需要如何解决呢？对于专业显示器而言，在出厂前就已经对显示效果进行了调校。但是对于主流消费级产品来说，用户只能通过自行调校，才能达到较好的显示效果。显示器调校可以分为硬件调校和软件调校，下面将针对这两部分内容分别讲解。

（一）软件调校

　　这里我们所说的软件调校指的是完全采用软件，通过人眼交互的方式来调校屏幕。目前可以使用的软件也比较多，比如著名的 Adobe Gamma、Magic Tune、Quick Gamma、Monitor Calibration Wizard 等。这里，就挑选常用的 Adobe Gamma 软件进行调校。其实这几款软件在调校原理上基本相同，操作方法也大同小异，我们可以自行尝试其他几款软件的使用。

　　Adobe Gamma 是 Adobe Photoshop 的一个强有力的显示调整工具，一般安装了

Photoshop 之后都会自动带有 Adobe Gamma，并可在控制面板中找到，如图 3-76：

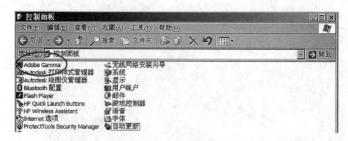

图 3-76　Photoshop 自带的 Adobe Gamma

下面我们将使用 Adobe Gamma 进行显示器的色彩校正，改善显示器的显示效果。

1. 双击 Adobe Gamma 图标，进入 Adobe Gamma 控制面板，如图 3-77，选择"逐步（精灵）"，单击"下一步"。

图 3-77　Adobe Gamma 控制面板

2. 进入"Adobe Gamma 设定精灵"对话框，如图 3-78。（注意"描述"字段为"sRGB IEC61966-2.21"），单击"加载中..."。

图 3-78　"Adobe Gamma 设定精灵"对话框

3. 进入"打开屏幕描述文件"对话框，如图 3-79：

图 3-79　"打开屏幕描述文件"对话框

4. 选择"sRGB Color Space Profile",单击打开。

5. 回到"Adobe Gamma 设定精灵"界面,如图 3-80。注意现在的描述字段已经同刚才不一样,变成了"sRGB IEC61966-2.1",这个 sRGB IEC61966-2.1 实际上就是你刚刚选择的描述文件 sRGB Color Space Profile,是整个 Gamma 校准工作的起点。

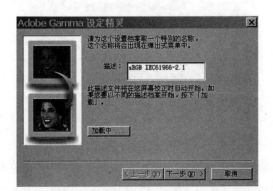

图 3-80　"Adobe Gamma 设定精灵"对话框"描述"字段的变化

6. 进入对比度、亮度的设定界面,如图 3-81。按照提示操作。

图 3-81　设定对比度与亮度

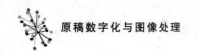

（1）先调整对比度。在你的显示器上找到对比度调整按钮，手动调整对比度到100％。（注：调整过程中可以来回提高和降低，感觉一下对比度调整会给屏幕带来什么样的变化。建立这种感觉很有意义。大多数显示器都达不到要求。）

（2）然后调整亮度。注意到这里有从小到大排列的灰、黑、白三个正方形，在你的显示器上找到亮度调整按钮做手动调整，使中间的灰色块尽可能地暗（但不要弄成全黑）。一般是把灰块调整到比较暗即可。

7. 对比度、亮度调整完毕，单击下一步，进入屏幕萤光剂设定界面，如图 3-82。"萤光剂"按自己的显示器选择，当然最好的是"Trinitron"，但只有用特丽珑管的显示器选它，如索尼、雅美达的显示器。

图 3-82　设定屏幕萤光剂

8. 进入伽玛设定界面，如图 3-83：

（1）下面是灰度系数，默认值 2.2，如果你用的是 Windows 系统，那么你需要的正好就是 2.2。调整中间的调节杆，会发现屏幕颜色会有变化。

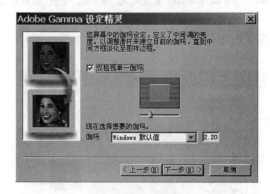

图 3-83　设定伽玛

（2）然后调整颜色，取消"仅检视单一伽玛"，如图 3-84。用键盘箭头来回移动滑标，分别使红、绿、蓝的中间方块尽可能地"淹没"在水平线背景中，单击下一步。

图 3-84　调整红、绿、蓝的伽玛设定

9. 进入硬件最亮点设定界面,如图 3-85。默认的亮度是 6 500 开氏度,一般这也就可以了,直接单击"下一步"。

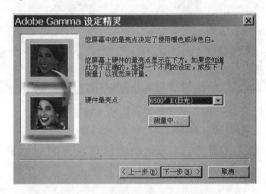

图 3-85　硬件最亮点设定界面

10. 但如果你是一个完美主义者,可以进行实测,单击"测量中..."出现一个操作提示,如图 3-86:

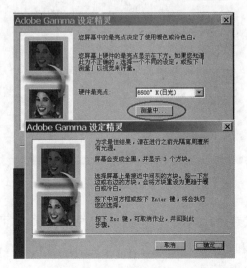

图 3-86　屏幕色温测试操作提示

11. 按提示关灯,拉上窗帘,单击确定,屏幕上出现三个方块图,如图 3-87。点击左侧方块,三个方块会变得冷一点,点击右侧方块,三个方块会变得暖一点。来回点击,使左右两侧方块的冷暖对比达到目测最大化,这个时候中间方块就达到了最高纯度的灰色。

图 3-87 屏幕色温的手动设定

12. 觉得行了,单击中间方块,退回到硬件最亮点设定对话框,注意硬件最亮点已经不是刚才的 6 500 开氏度而变成了"自定义..."单击下一步。

13. 得到一个"已调整的最亮点"界面,如图 3-88。单击下一步。

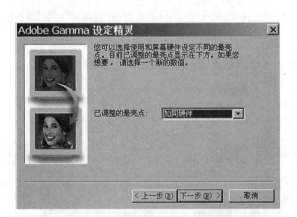

图 3-88 "已调整的最亮点"界面

14. 来到设定完成界面,如图 3-89。通知中有两个选项,你可以在两个选项之间来回点击,看那女人头像和整个窗口的颜色发生了些什么变化。单击"完成"。

15. 进入"另存为"对话框,如图 3-90。在下面键入一个名字,比如"20121002",然

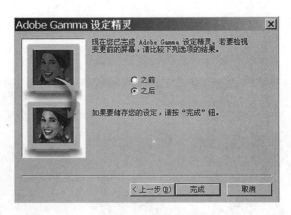

图 3-89　设定完成界面

后单击"保存",全部工作这才算真正结束。(注:存盘是整个校准工作的最重要的一步,如果漏了存盘,此前的一切工作都等于白做。这个存盘不但意味着 Gamma 校准工作的真正结束,而且还意味着校准工作生成了一个显示器的 ICC Profile 色彩配置文件 20121002,最后还意味着这个配置文件已经被加载。)

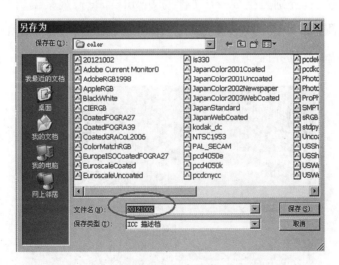

图 3-90　保存设定

校对完毕后,还会让用户体验一下校正的成果。单击单选框,左侧的女人图像会有相应的变化。最后单击完成即可保存校正的颜色文件。如果保存完后并没有生效,我们需要到控制面板的显示设定里找到颜色管理,加载我们刚刚保存的配置文件。

(二) 硬件校正

硬件校正与软件校正不同,硬件校正将之前软件校正中人眼主观判断环节变为相应的硬件来检测。

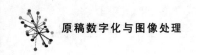

目前民用市场中比较流行的校正硬件有 Spyder 和 EyeOne，图 3-91 中就是 X-Rite EyeOne Pro。

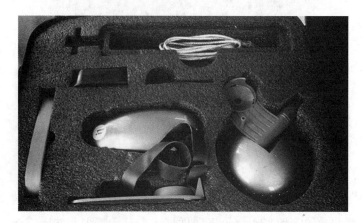

图 3-91　X-Rite EyeOne Pro

X-Rite EyeOne Pro 打包的软件是 ProfileMaker Pro，ProfileMaker Pro 软件组有四个基本软件模块，分别是生成 icc 文件的 ProfileMaker、观察编辑修改 icc 文件的 ProfileEditor、测量和计算平均 icc 的 MeasureTool、查看各种实际颜色的 ColorPicker。

ProfileMaker 启动界面如图 3-92：

图 3-92　ProfileMaker 启动界面

软件支持多种测试类型，在软件安装的时候选择的是屏幕应用，所以只有 CRT 和

LCD两个选项。选择LCD后，屏幕上会相应出现测试点，我们只需要将测试硬件Eye-One放在测试点上方即可，如图3-93。我们需要校对白色、黑色，以及RGB三色下的色彩情况。

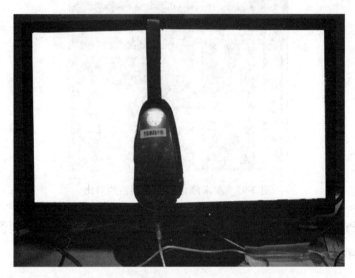

图3-93　工作中的EyeOne Pro校色仪

校对过程并不复杂，白色与黑色校对过程我们需要调节对比度与亮度。而RGB三色调节我们需要分别调节显示器的红色、绿色和蓝色。最终当我们调节的三角与软件上的三角对齐，则停止此项参数的校对，如图3-94：

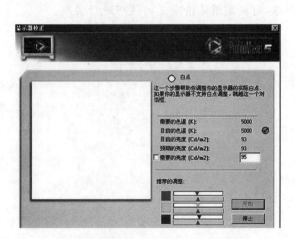

图3-94　调节显示器的红色、绿色与蓝色

最终软件会给出参考数据的色块显示图与测量数据的色块显示图供对比，至此我们的显示器就校正完毕了，如图3-95：

图 3-95 参考颜色与测量颜色的对比

强大的 ProfileMaker Pro 软件还提供了许多功能给我们校对颜色提供便利。其他的调校知识,我们可以通过相关产品的网站获得。

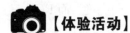【体验活动】

1. 运用 Photoshop 工具,对具有印刷网纹的图像进行处理。

2. 结合本书介绍,对提高图像清晰度的技巧进行实践。

印前图像调色

■ 任务内容和要求

1. 能用 Photoshop 曲线调色工具进行调色；

2. 能用 Photoshop 色相/饱和度调色工具进行调色；

3. 能用 Photoshop 可选颜色的调色工具进行调色；

4. 色阶以及色阶在实际调色中的应用；

5. 了解图像色偏校正理论；

6. 掌握中性灰调色方法；

7. 掌握直方图调色方法；

8. 能解决曝光问题，处理曝光不足的图片。

■ 任务背景

在小王目前的工作岗位上，无论是采用电分机高端联网系统还是采用桌面系统进行彩色图像处理，其关键技术之一是做好正确的颜色校正。其目的一是客户要求还原原稿颜色，为此而进行颜色校正；二是客户要求对原稿颜色的缺陷作些改进，为了满足客户的要求而进行颜色校正；三是人们要求原稿颜色符合心理色彩，为了符合人们的欣赏心理而进行颜色校正。最终达到客户和读者的满意。

小王目前工作的重点是彩色印前图像处理作业。如何做好颜色校正，心中存在着三种模糊概念和不明确的操作方法。

是工艺技术还原性的工作与处理原稿颜色缺陷的概念不清，因而造成应该还原性做的工作而没有做好，应该处理原稿颜色的缺陷而没有处理好；

二是次曲线与校色工具功能的作用范围概念不清，缺乏针对性的应用，因而造成消色与彩色的相互干扰；

三是选择校正的颜色与同色系颜色的关系概念不清，因而造成校正了某一色域，也同时牵连了同色系的色相，引起色彩混乱。

由于小王在在颜色校正中存在着上述种种问题，因而在实际生产中，往往既不能正确还原原稿颜色，又不能处理好原稿颜色的缺陷，因而造成图像色彩效果差，客户不满意而一次次返工。因此，小王必须在图像处理的颜色校正应尽快变模糊概念为透彻理解，掌握正确的颜色校正方法。只有概念明确，才能明确工作的目的性，只有方法正确，才能少走弯路，收到事半功倍的效果。

项目一　调色工具运用和调色实例

工作情景　由于小王在大学期间的软件掌握非常薄弱,在运用 Photoshop 进行调色时,无从入手,也不知道印前原稿哪些方面需要进行处理,对处理的方法和手段都是很模糊的。因此,小王必须通过下列活动来了解印前图像处理的原因、处理的内容等,掌握正确的调色方法。

活动一　印前图像需要进行处理的原因

活动任务　了解印前图像处理原因和方法。

活动引导　印刷行业发展到现在已成为一个应用非常广泛的行业,但是要实现印刷品和原稿的一致性就没那么容易了。就拿平版胶印来说,其许多技术局限性并没有发生根本改变,使得胶印印刷产品中存在许多不可避免的问题。这些问题需要我们在印前过程去修正,以期望得到令人满意的印刷产品。

（一）胶印印刷的技术局限性

1. 印刷品的色彩和阶调范围与原稿的色彩和阶调范围存在较大差别

　　首先,胶印过程并不能得到自然界的所有颜色,而只是一部分颜色,这是由于印刷过程中使用的油墨、纸张和印刷过程中的诸多缺陷造成的。印刷中实际用的黄、品、青、黑油墨在呈现颜色的范围上有缺陷,达不到理想黄、品、青的光谱吸收曲线,也就是达不到自然界真实的色彩外观。实际的油墨不仅吸收应该吸收的光谱区域内的光线,也吸收了其他光谱区域内的光线。这种有害吸收造成的直接后果就是油墨的色相和饱和度与理想三原色差距较大。而印刷品就是用油墨来表现色调和层次的,因此油墨的呈色性能的优劣直接影响到原稿复制的逼真程度。用带有"额外"吸收的原色油墨来进行印刷,必然形成"色偏"而大大压缩了印刷品的呈色区域。造成油墨这种缺陷的原因主要是由于颜料和制造工艺等因素的限制而形成的。黄墨的这种"额外"吸收最少,所以呈色性能最好,品红墨次之,青墨的呈色性能最差。

　　其次,印刷品的高光部分是由纸张的颜色而形成的,也就是说纸张也参与了颜色的形成。那么如果纸张的白度不同,就会影响画面高亮处的颜色亮度和饱和度,进而影响画面的色彩对比度。同样,与纸张的质地也很有关系。新闻纸为多孔性材料,油墨很容易被纤维吸收,使印刷表面产生高度的光线散射,使印刷密度降低,应该黑的地方不够黑,而平滑的、涂布过的胶版纸,油墨吸附在表面,并且光线散射极少,从而使暗调"更暗",缺乏层次。另外,印刷所采用的加网方法对色调的范围也有影响,在制版和印刷过程中高光和暗调处极容易被极化,也就是容易丢失高光和暗调的细节等。综合上述原因,我们几乎没有可能使印刷品和原始图片达到相同的阶调密度范围,因此,原稿和印刷品之间的密度对应关系必须加以调整,从而使印制品呈现最佳折中效果。一般情况下,原稿的密度可以达到 3.0 甚至更高,而印刷品的密度只能达到 1.8 或 2.0,其密度范围远不及原稿的密度范围。那么印刷品如何真实还原原稿,或者说如何还原得更好,这是目前印刷工艺的一个缺憾。

2. 印刷时图像的色偏问题

我们在显示器上处理图像时,如果显示器经过很好的校准的话,图像颜色可能比较正常,但这并不能说这个图像印刷出来后颜色也是一样,由于显示器是利用色光加色法来实现颜色的,而印刷是利用色光减色法来实现颜色的,所以再现颜色会不同。实际上印刷时要考虑用的油墨会不会出现色偏的问题,即所用油墨的灰平衡如何把握。简要地说,灰平衡是指能够产生灰色的彩色的颜色组合。例如 RGB 加色空间,将亮度相近的 RGB 三色混合时,就会产生灰色,亮度值为 200 的红、绿、蓝三色与 25% 的灰相同。这里说的灰色又称为中性灰,它是不含彩色成分的灰色调,如果混合 210 的红、200 的绿、200 的蓝,结果会产生含较暖(有红色成分)的灰色。它看上去像灰色,实际上是带有红的灰色,不再是中性灰色。这里用到的是色光,在 RGB 加色空间中三种颜色只需要等量相加就可产生中性灰。然而在进入 CMYK 印刷领域时,情况就不这么简单了。等量的黄、品、青并不产生中性灰。它们产生较淡、较浑浊带有棕色的灰色,而不是真正的灰色。其原因是由于上面介绍的油墨对色光的不理想的吸收(油墨的光谱曲线不理想),也就是由所用油墨的不纯引起的,在实际油墨的 CMYK 空间中,要得到实地灰色,需提高青墨的量。多余的青使其余两种颜色更干净,例如,30% 青、21% 品红和 21% 黄混合产生 30% 中性灰,如果是 30% 青、30% 品红和 30% 黄混合产生的中性灰会带有暗棕色。对某一种类型的油墨产品,混合产生灰色的 CMY 值为常数,即某种油墨的灰平衡比例值是恒定的,这样我们测得了这种油墨的灰平衡后,就可以根据这种平衡来校正图像,使要印刷的图像在校正后能够准确再现颜色外观,从而弥补这种油墨的缺陷,但要注意的是不同品牌的油墨其灰平衡数据是不同的。

3. 网点增大问题

胶印印刷是利用压力的作用来转移油墨的,当油墨在压力作用下转移到纸张表面时,由于压力等因素的作用会发生少量的扩展。一些油墨被吸收进纸纤维内,也会引起网点形状增大。因为网点大小直接与阶调和色调有关,所以网点增大会使整个图像变得更暗一些。很显然,由于上述的原因,对于不同的印刷机和不同质量的纸张会产生不同的网点增大效果。另外,不同大小的网点其网点增大成非线性关系,由纸张和油墨特性所形成的网点增大一般呈现指数方式的扩大规律。其他要注意的是在制版的图文输出以及晒版等工艺流程中,由于材料和设备的因素也会产生网点增大。网点增大是由于印刷过程中的特定因素而产生的不可避免的现象,为了能够真实地再现原稿的色彩和层次,在印前处理过程中就必须对网点增大产生的影响进行补偿,这种补偿过程可以在图文处理过程中直接施加,也可以在处理过程中首先将补偿函数加入文件中,然后在打印和照排过程中进行补偿。除了上面几个方面外,还有油墨总量的控制和印刷套准等问题。按理论上来讲,CMY色料三原色可以还原我们想要的颜色。但在实际印刷中,不可缺少的加进了K,其中的原因是多方面的,这里不再赘述,但当采用CMYK油墨印刷时,暗调区域会堆积许多油墨,要达到超黑的外观效果时,比如书刊、画报的封面,仅仅只有K是远远不够黑的,往往需要用C50M50Y50K50,甚至C100M100Y100K100,也就是说油墨堆积量至少要达到200%,甚至400%。由于不同的承印物保持油墨的能力不同(例如,新闻纸保持油墨的能力比高级铜版纸低得多),如果不采取措施控制施加的油墨量,暗调区域将会糊版,从而失去暗调层次,所以在印前图像处理中需要进行油墨总量的设置。套准问题是印刷设备的机械因素造成的不可避免的误差,也是印刷适性中的重要方面。套准问题是指在彩色印刷中,四个分色版面分别进行印刷时叠印位置发生误差而产生的问题,尤其在高精度彩色印刷中,如果不注意解决,将会对成品的外观效果产生不利的影响。那么在印前处理中,为避免在套印不准时产生不利的外观效果,在要求较高的彩色印刷中就必须在设计和后期制作中考虑和处理这些问题,这就是陷印处理。对陷印处理,很多人不理解它的意思,尤其是广大的平面设计人员,在设置时随便填一些数值,这样会出现较大的问题,还不如不进行这些设置。

(二)数字图像的印前处理

数字图像的印前处理一般应从图像的层次、颜色和清晰度等方面进行,一幅图像如果这几个方面都较好的话,从印刷原稿上来讲就是一幅符合复制要求的图像。从印刷的要求上来讲,要求忠实地还原原稿,但印刷的局限性又告诉我们很难进行忠实还原,所以说视觉外观效果上的一致性是对忠实还原的一个很好的补充。但由于每个人的视觉习惯和审美习惯不同,每个人在调整时把握的尺度就不一样,故只能定性地去描述。

1. 图像层次的调整

层次的调节就是处理好图像的高调、中间调和暗调,尽可能多地再现各个层次。但前面已经讲过,一般情况下,原稿的密度可以达到 3.0 甚至更高,而印刷品的密度只能达到 1.8 或 2.0,印刷品的密度范围远不及原稿的密度范围,层次就必然要被压缩。那么印刷品如何压缩才能使原稿还原得更好? 我们目前所采用的办法就是使用工艺压缩曲线,目的是使印刷品的外观效果基本接近原稿的外观效果,这里说的视觉外观效果是指我们眼睛的一个判断,而不是用密度仪器来测量,实际上就是说"看起来差不多"就算达到目的了。图像层次的调节可以从下面两个方面来分析。

(1) 高光、暗调的定标。

高光和暗调是指一幅图像上最亮和最暗的色调值,也称为白场、黑场。如果要调整的图像用于印刷的话,就需要考虑如何设置高光和暗调的值,由于印刷图像的高亮处,一般比 3%—5% 更亮的区域是印刷不出来的,也就是说 3%—5% 的区域变成了 0%,即纸的白色,这样图像高亮度区域的层次就会丢失。相反,在 95% 以上的暗调区域都会被印刷成 100% 的黑色,这一部分暗调层次也会丢失。这就是印刷的不足之处,为了补偿这种不足对再现图像层次的影响,就必须对印刷用的图像进行层次压缩,比如,将 0% 的白色压缩到 5% 的灰白色,将 100% 的黑色压缩到 95% 的暗灰色,这里不一定是 0% 或 100%,通常情况下为 2% 或 98%。在图像处理时设置用于印刷的高光和暗调点最好方法是使用 Photoshop 中的高光和暗调滴管,在 Photoshop 中的 Curves 和 Levels 工具中都有滴管工具,它们的一个功能就是专门用来设置极点,使图像上极点之间的色调会按极点设置的范围进行重新分布。

极点颜色值的设定要视具体的印刷条件,没有统一的标准,大多数情况下,常用的 CMYK 高光极点值可设 5、3、3、0,而暗调极点值可设 65、53、51、95 或 95、85、85、80。设置时只需双击 Curves 和 Levels 工具中的高光和暗调滴管,并输入设置值即可。如果是在 RGB 颜色模式下进行设定,那么 RGB 的等值高光点是 244、244、244,暗调极点值为 10、10、10,同样进行设置即可。

设置完高光暗调滴管后,下面所需要做的就是在图像中用高光和暗调滴管在确定的高光和暗调点点击即可。那么如何确定图像中的高光和暗调点呢？通常我们理解的印刷高光点可以分为两种：一种是没有信息的点，即 0%，称作镜面高光；另一种是带有细节的具有信息的高光点，称为散射高光。要确定印刷的高光点实际上就是在图像中找合适的散射高光点，这可以在 Photoshop 中用滴管工具来检查重要的散射高光点的颜色值，判断它是否位于印刷的范围(5%—95%)内，如果在此范围内就不进行调整，如果此散射高光点不在印刷的范围内，比如是 2%，而此点又很重要，需要印刷出来，那就用定义好的高光滴管去点击图像上的这个散射高光点，同样再去选择暗调极点，并用暗调滴管定义它。这样我们选择的这两个高光和暗调极点定义了之后，图像上高光和暗调极点之间的色调会按高光和暗调设置的范围进行重新分布，也就是对图像的层次按印刷的特点进行了校正。在定了高光和暗调极点之后，要达到视觉效果上与原稿的一致性，还需要对图像进行工艺压缩曲线的调整，下面我们来分析几种典型的工艺曲线。

（2）几种典型的工艺曲线。

对于一个既定的印刷原稿，在对其进行高光暗调定标后，还可以人为地改变它的层次复制情况，将这个数字原稿的阶调进行压缩、扩展或保持不变。由于印刷品的密度范围远不及原稿的密度范围，层次就必然要被压缩，而在压缩工艺曲线中，图像的一个区域的层次被压缩，相应的另一个区域的层次就要被扩展，这种压缩和扩展的目的就是让印刷品从视觉效果上尽可能接近原稿。在实际应用中，要根据原稿的特征，抓住要复制和强调的图像中的重点层次，而对次要的层次作相应的舍弃。对于反差正常的原稿，其低密度区可达 0.2—0.3D，高密度区达 2.1—2.9D，最大密度反差可达 2.7D，颜色鲜艳，层次丰富，这类图像的高光到中间调层次，应当作为图像的主体，加以重点强调。而有些原稿，如夜景、逆光摄影作品等，其暗调部分面积大，是画面的主体，此时需要对暗调层次进行强调。总之要根据原稿的特点区别对待，灵活掌握。

2. 图像颜色的校正

色彩的复制是指色彩的分解、传递、合成的一个复杂的过程，色彩的还原也是印刷复制的一个主要方面，在色彩复制过程中，受到诸如扫描时的光源、镜头、滤色片、光电转换系统、感光材料、纸张、油墨等因素的影响，颜色误差的产生是必然的，特别是印刷品层次的压缩和油墨的问题，对色彩的还原有至关重要的影响，要想获得理想的色彩复制，就必须设法校正这些色误差，实现理想的色彩还原。

（1）颜色校正前的准备。

首先要进行设备校正和系统的标定，这些设备包括扫描设备、显示设备、输出设备和打样设备,这些设备都要经过严格的专业校正,另外就是在这些设备之间要有一套比较完善的色彩管理方案,这些是我们校正色彩的基础。这里要特别说一下显示设备,在图像处理中,图像的外观颜色在印前是靠显示器再现的,显示器是基于 RGB 模式的,而我们要的最终产品是用油墨还原在纸张上的印刷品,是 CMYK 模式的,用 RGB 的显示设备去再现 CMYK 的图像,势必会影响颜色的外观效果,所以显示器里的这种转换(色彩管理系统)要准确,而且还要保持照明环境光源的一致性和稳定性,才能使屏幕显示和打样尽可能一致。

其次在进行色彩校正之前要进行层次的校正。因为按呈色机理来看,色彩是在中性灰层次基础上呈现的,所以应该先将层次校正完毕后再进行色彩校正,否则,色彩校正完后,在校正层次时颜色又会发生变化。

再有就是思考在何种颜色模式下校正色彩比较合理。在 Photoshop 中不管图像是 RGB 模式还是 CMYK 模式,都可以进行阶调和色彩的校正。在两种颜色模式下进行校正各有千秋。用 RGB 颜色空间进行校正的优点是色域空间较大,和显示器的色彩空间一致,但由于在校正后用于印刷输出时必须转换到 CMYK 空间来,这时会有部分颜色无法在 CMYK 色域显示出来,也就是图像的颜色超出了印刷色域,称为溢色。而在 CMYK 颜色空间进行色彩校正的优点是校正后的图像直接用于印刷而不会产生颜色的溢出。另外由于 CMYK 颜色空间是符合人们视觉习惯的颜色空间,在表示某一颜色及其变化的时候更容易把握颜色的变化。鉴于这些方面,一般情况下可以对图像在 RGB 颜色空间中校正,然后在 CMYK 颜色空间对图像进行细微调节。

(2)色偏的判别。

对于校正颜色来说,灰平衡是一个非常重要的概念。我们在对扫描后的数字图像的色偏进行判别的时候,就要用到灰平衡的概念,如果知道了生成各种亮度的中性灰所需要的原色成分,就可以利用原稿中的中性灰区域进行颜色校正。在 Photoshop 中用屏幕密度工具(Info)测量数字图像中颜色值,如果本应是中性灰的区域,其值却不是灰平衡的值,则说明图像发生了色偏。根据灰平衡的比例,很容易判断是哪种颜色多了,哪种颜色少了。

图像中的散射高光区域是检查中性灰的最好区域,高光区域并不都是中性灰,但相对于其他亮度的颜色来讲,其灰色成分要多一些,所以从这里检查,不仅可以判断色偏,前面讲的高光极点的定标也是从这里入手的。另外,对颜色色偏的判别还有很多别的经验。比如记忆色,像蓝天白云、青草绿地等等,这些颜色在人的脑海里有很深刻的记忆。对于专业图像处理人员来讲,更重要的是要记住这些颜色的 CMYK 的比例,记得越多就能更好地去判断图像颜色准确与否。

活动二 Photoshop 曲线调色应用

活动任务 利用曲线调色工具改善灰度、彩色图像。

活动引导 Photoshop 在很多方面都做得很出众也成了大家欢迎的软件,同时也成为印前工作者必不可少的工具。就调整图像来说,在"图像"→"调整"菜单里,有很多可以选择的工具,而曲线便是其中非常有特色的工具之一,如图 4-1:

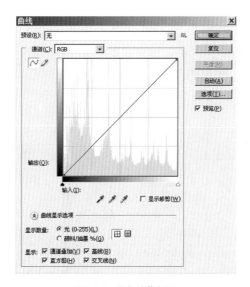

图 4-1 "曲线"窗口

曲线不是滤镜,它是在忠于原图的基础上对图像做一些调整,而不像滤镜可以创造出无中生有的效果。曲线不是那么难以捉摸,只要掌握了一些基本知识,你可以像掌握其他工具那样很快掌握滤镜。控制曲线可以给你带来更多的戏剧性作品,让你创造出更多精彩。

通过曲线,可以调节全体或是单独通道的对比,可以调节任意局部的亮度,可以调节颜色。本文中虽然没有对使用曲线的特效作详尽解说,但也可以使读完的朋友对曲线有一个崭新的了解,使其成为你编辑图片时的印前调色得力助手。

打开"图像"→"调整"→"曲线"命令,快捷键"Ctrl＋M",出现曲线对话框。如果屏幕看起来和图不太一样,按住 Alt 在网格内点击,可在大小网格之间切换,网格大小对曲线功能没有丝毫影响,但较小的网格可以帮你更好地观察。标准的曲线会给你带来更多的直观认识。

由于曲线是反映图像的亮度值,一个像素有着确定的亮度值,可以改变它使其变亮或变暗。水平灰度条代表了原图的色调,垂直的灰度条代表了调整后的图像色调。在未作任何改变时,输入和输出的色调值是相等的,因此曲线为 45 度的直线,如图 4-2、图 4-3,这就是曲线没有变化的原因。当你对曲线上任一点做出改动,也改变了图像上相对应的同等亮度像素。点击确立一个调节点,这个点可被拖移到网格内的任意范围,是亮是暗全看你是向上还是向下。亮度值改变的突然,会造成非常夺目的效果;缓慢的逐步改变,则无论是提高还是降低亮度值,都会使色调过渡光滑,效果逼真。接下来的例子示范了当曲线上一些特定值被改变时,对图像起了什么样的作用,同时你可以清楚看到曲线的形状改变。(为了显示效果,在这个例子里的曲线都有些夸张,某些时候你需要强烈变化的曲线,但大多数时候,图像曲线的改变要轻微得多。)

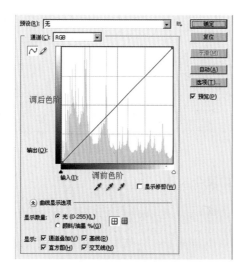

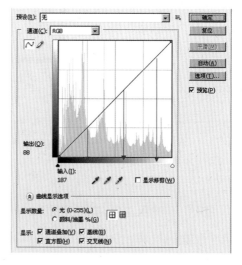

图 4-2　调色前后的色阶　　　　　　　图 4-3　曲线与亮度对应关系

(一) 曲线在灰度图像中调节明度的应用

图 4-4 是一张在昏暗的傍晚捕捉到的画面,它缺乏对比,像素过于集中在中间色调范围。通过曲线,可以使它得到改善。

图 4-4　曝光不足的原始照片

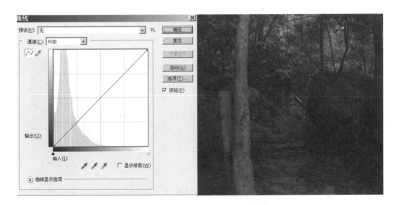

图 4-5　原始图片及曲线显示

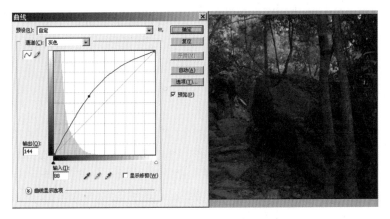

图 4-6　提高调节点亮度,图片整体变亮

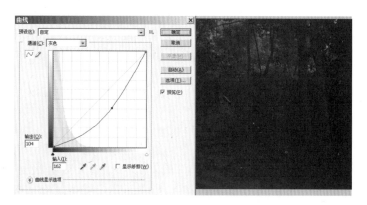

图 4-7　降低调节点亮度，图片整体变暗

从上面可以发现，无论是单独提高或降低曲线亮度都不能完全解决问题，它们在改善图像一部分的同时也破坏了图像的另一部分。如果能取长补短，那么问题就解决了。曲线的另一个特点是可以添加多个调节点。在图像的任意地方添加调节点，单独调节，这样就可以针对不同亮度色值区域调整。对这张图片来说，两个调节点就可以工作得很出色：如图 4-8，大幅提高亮部区的亮度值，适当提高暗部区的亮度值。

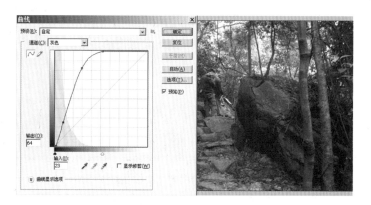

图 4-8　分别调整图片不同区域的亮度

 **小技巧**

按住 Shift 可选择多个调节点，如要删除某一点，可将该点拖移出曲线坐标区外，或是按住 Ctrl 单击这个点即可。实际上，像这样没有亮部的图像，一开始可以缩小曲线的范围以加大对比。如前面说的，网格内的任一点都可移动，当然也包括曲线的两个终点。如果我们确保"曲线"是直的，将曲线暗部端点向右移，亮部端点向左移，曲线变得陡峭，增加了中间色调的对比。这个方法对大多数缺乏对比的中间调图像十分有用。和它类似的，是调节色阶两端的滑杆使它们向中间集中。

这个例子中,用色阶工具可能会更加一目了然。这里还有一个小窍门,可以使你快速做出反相效果:将黑色端点从左边最下移到最上,将白色端点从右边最上移到最下,这样你不用再使用反相命令也可以同样达到效果。其实并不是每张图片都有这样的亮部和暗部,但大多是都是这样。如果善加利用,那么所有的图片都将变得时髦起来。

下面再介绍三个绝招,可以更好地使用曲线。

绝招一:用吸管工具设定范围,如图 4-9:

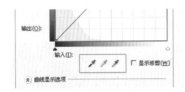

图 4-9 用吸管工具

预览窗口可以让你看到所作的变动,一定要打开。"自动"选项要慎用,一旦点击这样按钮,会使图像中最亮的像素变成白色,而使最暗的像素变成黑色。当然,这会给那些需要节省时间的人带来方便,但是放弃手工调整而采用自动方式极少会有最好的效果。当彩色图像的中间值被假定为最亮值和最暗值时,这种方法具有更大的危险性。在很多情况下,你会希望自己来指定图像中的最亮和最暗的部分,在处理特殊效果图片是尤为突出。你可以用吸管工具来实现。选择左边的黑色吸管,在图像窗口点击你想要使它变成黑色的地方,白色也是同样,如图 4-10:

由于我们的例图是灰度图像,所以这里灰度吸管就没什么用了。快速而精确!如果你是为打印准备图像,需要更确定的颜色值,双击吸管,弹出颜色对话框,可以在这里设定精确值。

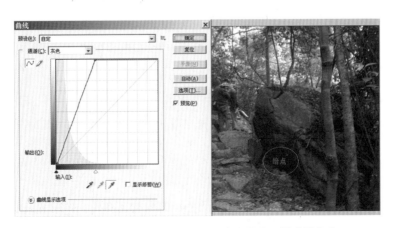

图 4-10 利用吸管工具来指定图像中最亮和最暗的部分

绝招二:在曲线上查看亮度值。

这是个很实用的技巧。如果你想要知道图像上任一点的确定值,可以把鼠标移动到图像窗口,指针变成吸管模样,在你想要查看的地方点击,在曲线上就会出现和这一点相对应的点。当你需要改变某个特定地方的亮度值而又不知道它在曲线上的位置时,这个方法就非常有用了。担心记不住准确位置吗? 不用急,Photoshop 早就为你想到了这一点。在图像上点击的时候,同时按住 Ctrl 键,这样,这个点就会被固定下来,如图 4-11:

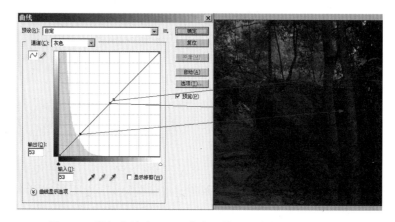

图 4-11　鼠标左键+Ctrl 可找出图片上的点在曲线上的位置

绝招三:加强特定地方的对比。

这个方法是基于刚才的方法上的,我们将对图像最优化处理,也就是突出画面的主题。许多图片都有一个固定的主题,像环境中的人物等。大多数时候,我们对这个主题做的要多于背景画面。在精力有限的情况下,我们要尽可能地把注意力放在最主要的部分,突出中心。刚才我们已经看到了,曲线陡峭会使图像的对比度增加,现在按住 Ctrl,围绕画面重点点击,找到曲线上对应的点。你可以会取到多个点,留下最上面的和最下面的,将其他的删除。

现在你就知道该对曲线上的哪些部分下功夫了。加大曲线的斜率,会得到更多的细节。即不要太亮,也不要太暗,多试试,力求和画面平衡。有时取的范围会多一些,那也不是什么坏事,背景而已。

下面这个例子就是刚才所说的,曲线情况如图 4-12:

随着经验的积累,你就能慢慢看出各个色调的像素在曲线上的位置。看得越多,你就越能确定,哪些该加亮,哪些该变暗。在调节曲线之前,这样粗略的分析是很有必要

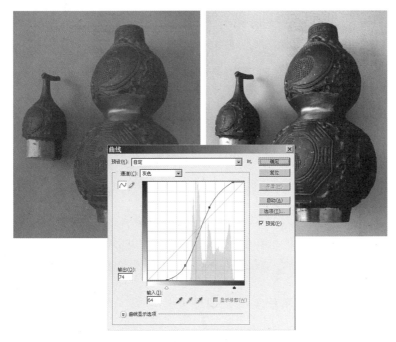

图 4-12　通过曲线调整背景

的。一旦放置，这些调节点仍可以移动。你会发现，当你放置并开始调节这些点的时候，预览窗口简直就像你的画布一样直观。当调节点的位置和曲线的倾斜在你手下改变时，图像也随着你的意愿改变。你可以不必局限于一两个点（虽然 Photoshop 允许你放置多达 16 个调节点，但一般情况下，两个点就已经足够了）。调节的过程将变得快速而有效！当然，这一切的前提是你必须多加练习。

　　还有一点是你需要了解的：曲线不能同图片分离，也没有像万金油一样到哪里都能用的曲线。每张图片都是唯一的，所以它的曲线也是唯一的。不同的图片最适合的曲线形态也许会大有不同。图片的中心也不同，有的是亮部（冰川上的北极熊），有的则是暗部（地下室煤堆上的黑猫），还有的是中间调部分（像上面例子中的金属纹理）。现在你该知道如何对付不同的图片了——用鼠标点击需要调节的范围，在曲线上标出，改变曲线斜率以增加对比。

（二）用曲线改善彩色图像

　　这里我们所指的彩色图像，是指 RGB 图像，不包括 CMYK 模式的图像。RGB 图像可以被认为是由一个复合通道和三个分别包含一种颜色亮度值的灰度通道所组成的。如果你没有注意过这一点，那么打开通道面板，点击不同通道，你将会看到不同亮度的灰度图像。这样，你就可以像编辑灰度图像那样用曲线单独编辑每个通道了。对每个通道进行巧妙的调节,这在 Photoshop 调整色彩的方法中是最为精确可靠的。

你完全可以跳过色彩平衡,也大可节省下色相/饱和度或是变化命令,因为我们有更好的。当你在 RGB 模式的图像中调用曲线命令时,合成通道的信息将会出现在屏幕默认位置的信息栏中:RGB。如果颜色令人满意,所差的只是明暗和对比度,那就在复合通道里调整曲线,方法和灰度通道一样。如果颜色本身也需要修改,事情就变得稍微有点复杂了。那么怎么开始,从哪里开始呢? 一开始,你需要评估图像中的颜色分布和各种颜色所占的比重,来消除不和谐部分。人们在开始的时候通常会犯一个大错误,那就是他们会贸然用选择工具选择他们觉得不合适的色彩。实际上,如果你能在图像的某一部分看到这样的颜色,那么它就大有可能渗入整个图像,并且被印刷出版。如果有这样的颜色出现,你该怎么确定这种颜色?

接着,介绍一个非常很有用的工具:信息面板,如图 4-13。如果没有,那就从窗口打开,并且永远让它在你的屏幕上占一席之地。

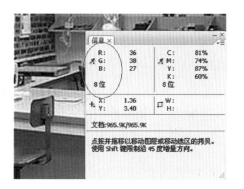

图 4-13　信息面板

不管你当前选择的是什么工具(文字工具除外),将鼠标指针放在画面上,信息面板就会出现指针下那一点像素的颜色信息。懂得用数字来调整颜色才能称得上真正的精通颜色修正。关于数字值这里我们不打算过多的讲述,但这种方式和别的方式有很大不同。在你调整颜色时只要记住一点事实:一个中性色的像素,它的 RGB 值应该是相等的。不管他们是什么,但它们都相等。从浅灰色到深灰色颜色值会有很大差别,但如果 R ＝ G ＝ B,那么它就是中性的。我们的眼睛和大脑具有高度的适应性,它们共同工作,可以赋予物体大脑所认为的黑色、白色或是中性色。彩色容易从显示器上估计,但黑色、白色,特别是中性色应从信息面板中确定。

当然,不是每张图中都有中性色,但是如果你看一看,你就会惊讶的发现,有那么多的图使用了中性参考点:白色的衬衣、货车的轮胎、桌上的一张纸、块石路面上的沥青、白色的围栏、花岗岩建筑,等等。你如果需要一种中性色,那么在一种物体上找到的机会是100%。那怎样才能选出那些颜色为图4-13信息面板中所示的像素呢?它当然不是中性色,蓝色值远远小于红色和绿色值。蓝色的反色是什么?是漂亮的黄色。把它假定为中性色,我们把蓝色加入其他颜色中。

下面的图4-14,初看偏绿色的图像,其实更贴切的说法是偏黄色。

图 4-14　偏黄绿色的图片

通过一个图像潜在的中性参考点,可以说明这个问题。将你的鼠标指针放在任意一点你觉得可能是中性色的图像像素上,如图4-15,信息面板会再次告诉你蓝色严重的缺乏。

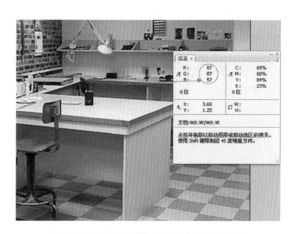

图 4-15　图中所谓"中性色"的颜色信息

选择的参考点,对蓝色通道进行调整如图4-16,信息面板显示中性灰非常接近了。

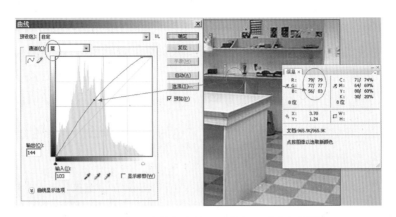

图 4-16 在所选的参考点上对蓝色通道进行调整

修正后的图像如图 4-17：

图 4-17 修正后的图片

并不是所有的图像都需要这样处理的,当一张图的色调需要变得更暖或是更冷,以便和其他的图片更好的配合时,才需要这样做。比如需要增加黄褐色来夸张照在草坪上的落日余晖或是亮光。给脸部的皮肤增添少许的红色,或是从黄昏的图片中剔除一些黄色。类似的增加或减小对比度,你都可以通过曲线来完成。

在信息面板中查找问题的根源,在曲线对话框中选择有问题的通道,这样就可以很快地消除问题。当你把鼠标从图像窗口移到曲线对话框里的时候,信息面板里的提示信息就会消失。如果你改变了曲线上的一个或多个点,那么当鼠标再回到图像窗口,信息栏中就会显示出变化前和变化后的差别,如图 4-16 中信息面板的两排数字显示。

按住 Ctrl 在图像内单击,可以在曲线上确定点。在彩色图像中,这个功能更加有用。如果现在是在单色通道中,单击放置点就可以了;但如果是多个通道需要放置多个点呢？重复的在图像窗口点击需要选择的点可不是一件愉快的事，而且很难确保每次选择的都是同一个点。这时候，隐藏在吸管工具下的颜色取样器工具就能帮你的大忙了。在图像上点击放置参考点，带有标号的参考点的颜色信息就会出现在信息面板中。现在参考数值调整曲线就可以了，如图4-18：

图4-18 用吸管工具取样后参考数值调整曲线

保持取样状态，回到前面提过的三个吸管工具。它们可以使你为标记下的图像设置特定的颜色，对于有特殊要求的图像来说，这是非常有用的。比如说，如果需要图像的亮度在250、250、250和5、5、5的范围内，分别设置白色和黑色吸管就行了。结合我们前面所叙述的中性色，你大概也已经知道灰度吸管的作用了。在大多数时候，人们宁愿使用曲线，但是吸管也是很顺手的工具。有时也会用自动曲线，它会使每个通道内最暗的像素变成黑色，最亮的像素变成白色。这在某些时候是不错的，但通常它会造成强烈的色彩和对比度。预览窗口会将变化反映给你，如果不满意，按住Alt，"取样"将会变成"重置"，单击前面的颜色取样点，就可以删除它。现在还有什么好担心的呢？

小贴士：介绍四个小方法，会使你的工作更加简单。

（1）消退曲线。

快捷键：Shift＋Ctrl＋F。可以使用"渐隐"命令来减淡曲线效果。随着数量的递减，效果也越来越不明显。不过，一定要在刚刚用完曲线之后，还没有用别的命令之前，"渐隐"才可以使用，否则将会是你下一个命令的"渐隐"了。

（2）撤销和重做。

如果对刚做的曲线效果不甚满意，可以用Ctrl＋Z来消除。你已经知道了曲线命令的快捷键是 Ctrl＋M，可你是否知道如果按住 Alt＋Ctrl＋M，将会以最后一次设置的曲线打开对话框？这样你就可以继续调节了。这不像是方法一一样在原来调节的基础之上减淡效果，而是一次全新的调整。当然，如果你愿意，也可以在原来的基础上再加调整。它不像"渐隐"命令，只能紧跟着上一步命令，在 Photoshop 的工作时间内，它都可以记住最后一次曲线的位置。它有什么用？如果你有 6 张图片需要做相同的曲线处理，那么你只需做一次曲线调整，再按快捷键，剩下的 5 张就能做和第一张一样的调整了。此外，色阶、饱和度、色彩平衡命令也可同样工作。

（3）批处理。

如果你要记录一些具有代表性的曲线类型，以便下一次以它应用到类似的图片中去，那么方法二就爱莫能助了。这时我们可以用存储命令，将一个调整好的曲线形态存储在固定的文件夹中，然后再用 Photoshop 的"Action"命令记录载入曲线。这样就可以快捷地以相同的曲线处理大量的图片了。

（4）调整层。

打开"图层"→"新调整图层"，在下拉菜单中选择曲线，出现图层属性对话框，看到自动命名的曲线 N，点击"OK"后就会出现和前面一样的曲线对话框，如图 4-19。你可以在其中调整图像，如果不满意，双击图层缩览图，你就可以在刚才的基础上继续调整，就像刚才提到的方法二一样。所不同的是，在拼合图层之前，你随时都可以调节曲线。它不会损伤实际像素，所以你可以放心大胆地使用。在后面的图层蒙板内，你可以将某些特殊部分保护起来不受曲线的影响。不要忘了这个技巧。对图像改动得越多，你就越需要尽量保持图像的原样，尤其是对一些离奇的图片。

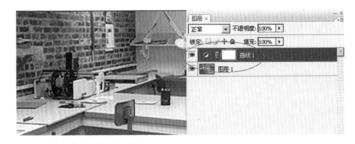

图 4-19　新调整图层的曲线对话框

关于曲线，大致就介绍到这里了。接下来，读者需要在更多的实践经验中，自己慢慢摸索。

活动三　Photoshop 色相/饱和度调色应用

活动任务　利用色相/饱和度调色工具改变图片的色相。

活动引导　这个色彩调整方式。它主要用来改变图像的色相。就是类似将红色变为蓝色，将绿色变为紫色等。现在我们来系统认识一下这个调整方式。我们使用图 4-20 的花卉照片：

图 4-20　色相调整原片

从菜单（"图像"→"调整"→"色相/饱和度"）或 CTRL＋U 打开设置框，我们已经知道拉动色相的滑杆可以改变色相，现在注意下方有两个色相色谱，其中上方的色谱是固定的，下方的色谱会随着色相滑杆的移动而改变。这两个色谱的状态其实就是在告诉我们色相改变的结果。

观察两个方框内的色相色谱变化情况，在改变前红色对应红色，绿色对应绿色，如图 4-21。在改变之后红色对应到了绿色，绿色对应到了蓝色。这就是告诉我们图像中相应颜色区域的改变效果。如图 4-22，图中红色的花变为了绿色，绿色的树叶变为了蓝色。

饱和度是图像色彩的浓淡程度，类似我们电视机中的色彩调节一样。改变的同时下方的色谱也会跟着改变。调至最低的时候图像就变为灰度图像了。对灰度图像改变色相是没有作用的，如图 4-23：

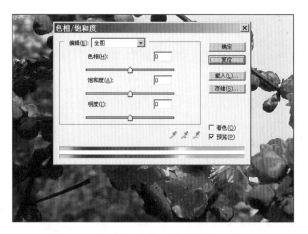

图 4-21　色相改变之前的色谱对应

图 4-22　色相改变之后的色谱对应

图 4-23　图片饱和度的调整

明度,就是亮度,类似电视机的亮度调整一样。如果将明度调至最低会得到黑色,调至最高会得到白色。对黑色和白色改变色相或饱和度都没有效果。具体效果大家可自己动手实验,这里就不再列图示范了。

在色相/饱和度设置框右下角有一个"着色"选项,它的作用是将画面改为同一种颜色的效果。有许多印前图像处理中常用到这样的效果。这仅仅是点击一下"着色"选项,然后拉动色相改变颜色这么简单而已。"着色"是一种"单色代替彩色"的操作,并保留原先的像素明暗度。将原先图像中明暗不同的红色、黄色、紫色等,统一变为明暗不同的单一色。注意观察位于下方色谱变为了棕色,意味着此时棕色代替了全色相,那么图像现在应该整体呈现棕色,如图 4-24。更可以拉动色相滑杆可以选择不同的单色,如图 4-25、图 4-26、图 4-27。也可以同时调整饱和度和明度。

图 4-24　着色:用棕色代替全色相

图 4-25　着色:用绿色代替全色相

图 4-26　着色:用蓝色代替全色相

图 4-27　着色:用紫色代替全色相

现在有个问题,要求将画面中红色的花变为绿色。大家说那简单啊,不就是像前面那样改变色相嘛。别急,问题还没说完呢。将画面中红色的花变为绿色,但是,原来的绿叶不能变为蓝色。

那怎么做呢? 可能思维灵活的读者会想到,利用魔棒选取画面中的红色区域,然后改变色相。对,如果真的想到了这个方法,那证明你的思维是很活跃的,懂得综合利用。不过不必如此,在色相饱和度选项中就可以指定单独改变某一色域内的颜色。

如图 4-28,在上方的编辑选项中选择红色,下方的色谱会出现一个色域指示。现在把色相改到 128,看到只有在那个色域内的色谱发生了改变。

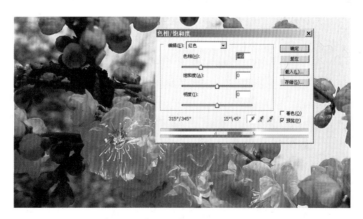

图 4-28　选择需要改变色相的色域

改变数值的方法既可以是拉动滑杆,也可以填入数字,还可以在数字区域使用鼠标滚轮或使用上下箭头按键或按住 CTRL 左右拖动,最后还可以在色相这两个文字上左右拖动。它们适用于所有类似的有数值出现的地方,其中拖动适合大范围改变数值的情况，鼠标滚轮和上下箭头按键适合小范围改变。

　　我们来放大一下上左图色谱中出现的指示符号。如图 4-29，分为中心色域和辐射色域两部分，中心色域就是指所要改变的色谱范围，对照上左图的数值为 345°至 15°。而辐射色域指的是，中心色域的改变效果对邻近色域的影响范围。对应上左图数值分别是 315°至 345°、15°至 45°。

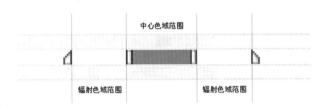

图 4-29　中心色域与辐射色域

　　可用鼠标移动这 4 个边界以改变中心或辐射色域的范围大小，在中心色域上按住鼠标左右拖动可移至其他色域。

　　使用色谱条上方的吸管工具 🖋 在图像中点击可以将中心色域移动到所点击的颜色区域。使用添加到取样工具 🖋 可以扩展目前的色域范围到所点击的颜色区域。从取样减去工具 🖋 则和添加到取样工具的作用相反。添加到取样工具 🖋 在使用时，可以在图像中按住拖动以观察中心区域改变的效果。比起单击选定来，更为直观。而其他两个工具不适合这样操作。因为添加和减去的效果变化得比较剧烈。

　　事实上编辑选项中所列的其他项目，也就是改变中心色域所处的位置而已，和我们用鼠标直接拖动的效果是一样的。大家可以照这个方法试试看去单独改变绿色。

　　需要注意的是，辐射色域的变色效果由中心色域边界开始向两边逐渐减弱。如果某些色彩改变的效果不明显，可以扩大中心或辐射色域的范围。

　　为什么这里的单位是角度呢？这是因为色相色谱原本是一个环形，为了方便操作才将其变为长条形。

　　现在我们打开新图片，如图 4-30，使用色相/饱和度（CTRL＋U）工具，在编辑选项中选择红色，将色相改为＋180。看到图片中的西瓜果肉都变为了蓝色，如图 4-31所示。

　　好像做完了？如果这么简单那就过于普通了。

　　注意在红色果肉变为蓝色的同时，图像后面的红色印台、人物手臂，也都变了颜色。

图 4-30　西瓜图原片

图 4-31　西瓜肉变成了蓝色

　　更关键的是有一处破绽，注意原图刀上的那片西瓜，在它下方有一小片淡红色倒影，在改变之后那块倒影显得非常生硬。这是因为那块淡红色是倒映在刀面上的，红色成分不是很重，因此实际上与刀面色有一定的交融。而观察色谱条上的中心色域和扩展色域都没有涉及，造成了"只有红色改变，没有绿色改变"的局面。因此那块区域显得非常生硬，并且形成了板块状（也称为色斑），没有了原先那种顺滑自然的颜色过渡。

那为什么果肉与周围区域不会产生色斑呢？因为果肉的红色成分很重，与周围颜色的对比较强烈。

那如何解决那块色斑呢？在前面说过，如果某些色彩改变的效果不明显，可以扩大中心或辐射色域的范围。那到底是改变中心区域呢还是改变辐射区域？这就要来分析一下了，如果将中心区域扩展至绿色，势必会造成图像中所有绿色的改变，更会引起瓜皮的变色，大家可以自己动手试试看。因此这方法不可行。

因此我们将中心区域右方的辐射范围往绿色区域拖动一些，看到原先的色斑显得平滑了，如图4-32。同时压在盘子下面的瓜皮也变了颜色，不过没有造成明显的影响，因此不必理会。虽然改动的效果很细微，但追求完美不放过一丝细节是印前图像处理应该有的追求。

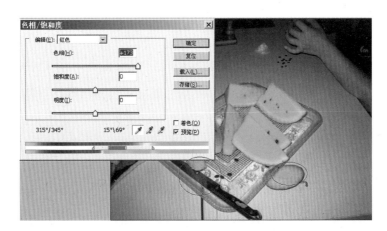

图4-32　去掉水果刀上的色斑

好，这个细微的破绽被我们去除了，那如何解决印台和手臂的颜色呢？要解决这个问题就不能只靠改变色相了，而是要利用Photoshop的一个特点：一旦创建选区，所有的色彩调整都只能针对选区有效。因此答案出来了，那就是创建一个排除了印台和手臂的选区，再使用色相/饱和度（CTRL＋U）工具。

细心的读者可能觉得奇怪：为何把桌案上的刀子也排除了？（参见图4-33）刀面上不是有原来红色的倒影吗？原因后面再说。现在按照前面所说的设定改变色相效果，因为原先的蓝色太艳丽，这次我们再将明度改为－20，这样呈现的暗蓝色就较为真实一些，如图4-33。在调整过程中选区的边框会一直存在，如果觉得有碍于观察，可按下（CTRL＋H）隐藏选区。但如果选区被改变（新建或修改），隐藏功能将自动失效。

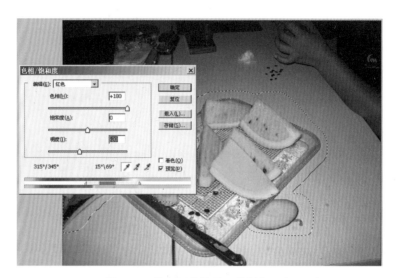

图 4-33　蓝色西瓜最后一道制作工序

好，现在来说明为什么要排除刀面的原因，那是为了给细心的人一个发现破绽的机会。大部分人看到这张图片都会认为世界上真有蓝色的西瓜，这样就落入了我们第一个算计中。有一定图像处理基础的人在短暂的吃惊后，一定会去试图寻找修改的痕迹。当他们找到这个细微破绽而心存欣喜的时候，殊不知已落入我们的第二个算计之中。

活动四　Photoshop 可选颜色调色应用

活动任务　利用可选颜色调色工具调整照片色调。

活动引导　在 Photoshop 中，"可选颜色"命令的作用很大，特别是在矫正颜色方面。按 Adobe 联机帮助文件中说的那样，"您可以有选择地修改任何原色中印刷色的数量，而不会影响任何其他原色。例如，可以使用可选颜色校正减少图像绿色图素中的青色，同时保留蓝色图素中的青色不变。"

（一）Photoshop 中可选颜色的使用

要知道 Photoshop 中可选颜色怎么用，需要先明白 Photoshop 相关的一些调色原理，然后才能对应的进行调整。我们先看下面这样的一个六色轮，如图 4-34：

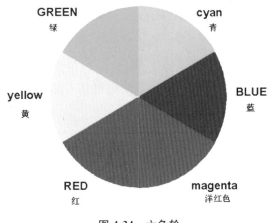

图 4-34 六色轮

从色轮可以看出下面的关系：

（1）相反关系：红色和青色、绿色和洋红色、蓝色和黄色是相反色。一种颜色的增多势必引起其相反色的减少。比如，一幅偏红色的图像，我们可以添加青色，从而减少红色。即一种颜色减少了，其相反色就会增加。

（2）相邻关系：红色 ＝ 洋红色＋黄色，绿色 ＝ 青色＋黄色，蓝色 ＝ 青色＋洋红色等等。所以在一幅图像中，比如增加红色，既可以直接添加红色，也可以添加洋红色和黄色，或者减少青色，或者减少绿色和蓝色。

（3）色轮角度：六个颜色分别位于色轮的一定角度。比如红色位于 0 度，黄色位于 60 度，绿色位于 120 度，青色位于 180 度，蓝色位于 240 度，洋红色位于 300 度等等。所以如果要将一幅图像中的蓝色变成绿色，则需要顺时针旋转 120 度（即－120 度），又比如将黄色变成绿色，需要将黄色逆时针旋转 60 度（即＋60 度）。

（二）Photoshop 可选颜色应用

执行"图像"→"调整"→"可选颜色"，打开"可选颜色"命令，如图 4-35 所示：

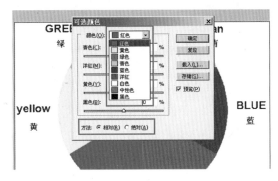

图 4-35 打开"可选颜色"对话框

究竟 Photoshop 可选颜色怎么用呢？"可选颜色"命令能有选择地修改任何主要颜色中的颜色数量而不会影响其他主要颜色。我们可以用可选颜色调整我们想要修改的颜色而保留我们不想更改的颜色。需要注意 RGB 与 CMYK 模式下可选颜色中的颜色变化略有不同，在 LAB 模式下可选颜色对灰色将是不可使用的。

可调整的主色分为三组：

（1）RGB 三原色：红色、绿色、蓝色；

（2）CMY 三原色：黄色、青色、洋红；

（3）黑白灰明度：白色、黑色、中性色。

可选颜色的调整幅度，从上面的色轮图中反映出来就是，调整颜色会影响正负 60 度之间的区域，但是正负 30 度之间的区域影响最强烈。

相对和绝对选项：同样的条件下通常"相对"对颜色的改变幅度小于"绝对"，而且"相对"选项对不存在的油墨不起作用。"绝对"选项可以向图像中的某一种原色内添加不存在的油墨颜色。油墨的最高值是 100%，最低值是 0%，相对与绝对的计算值只能在这个范围内变化。

关于 Photoshop 可选颜色怎么用，我们可以看看下面图 4-36 的左图，是一幅偏黄的人物照片。

图 4-36　"可选颜色"命令的调整

校正思路大概是：图像偏黄，就应该增加蓝色，而蓝色是有青色和洋红色合成的，因此做出如下调整：

（1）利用曲线命令，将图像整体变亮，然后降低红通道，提亮蓝通道。

（2）再使用可选颜色命令，对红色和黄色进行处理。先选择红色，然后针对图像中的红色进行调整，降低删除红色中的青色和洋红色的值。

在 Photoshop 中掌握了调色原理的核心后,关于 Photoshop"可选颜色"怎么用就很简单了。我们可以在使用"可选颜色"之前就知道要怎么去改变颜色去得到我们想要的颜色,能够胸有成竹的去调整颜色。通过上面的配色规律可以知道更改主色的某一色的滑块得到的结果为什么颜色。

活动五　色阶、色阶在实际调色中的应用

活动任务　运用色阶工具对具有偏色的彩色图像色相、明度、饱和度调色。

活动引导　广义的调色分为两种,就是校色和调色。调色是对图像后期艺术性加工,而校色就是一个图像不管是从网上下来的,还是扫描的,色相、明度、饱和度都有可能不准或偏色,而有一些图像的不准是我们用肉眼一时分辨不清的。此时就需要看直方图。在 Photoshop 的帮助中看到,色阶就是用直方图描述出整张图片的明暗信息,修改色阶其实就是扩大图片的动态范围,我们可以使用"色阶"对话框,通过调整图像的阴影、中间调和高光的强度级别,从而校正偏色的彩色图像的色相、明度、饱和度。

（一）Photoshop 色阶详细讲解

在 Photoshop 中可以在调整面板使用色阶,或使用快捷键"Ctrl+L"打开色阶对话框。色阶是直方图形式,表现了一幅图的明暗关系,从左到右依次为阴影、中间调、高光三个滑块。色阶可以用来调整图片的饱和度、色彩、明度对比度等,如图 4-37 所示:

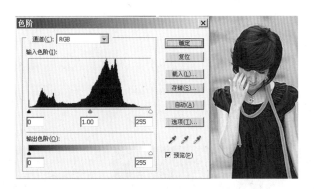

图 4-37　Photoshop 的"色阶"对话框

1. 认识直方图

直方图是数字图像学的术语,其实质是灰度值(以黑白为例)在所有像素点中的所占比例的分布图,所以横坐标是灰度值,纵坐标就是比例。直方图显示暗部的细节(在直方图的左侧部分显示)、中间调(在中间显示)、高光(在右侧部分显示)。

横轴数字 0—255,代表 256 个色调,0 代表黑色,255 代表白色。0—85 为阴影,

86—170 为中间调,171—255 为高光。通过直方图的观察能够让我们理性地分析图片并有目标地去调整而不被图片本身的内容所迷惑。

2. 认识色阶通道

色阶里有四个通道:RGB、红、绿、蓝,如图 4-38:

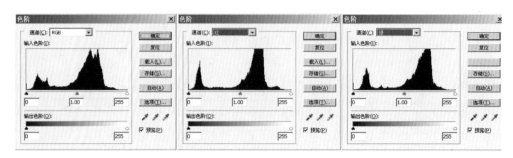

图 4-38　色阶中的不同通道

色阶直方图下面有黑、灰、白三个滑块。其中左边的黑色滑块代表纯黑,也就是阴影;中间的代表灰度,也就是中间调;右边的代表纯白,也就是高光。黑色滑块向右滑动,会增加阴影;白色滑块向左滑动会增加亮度。

(1) 在 RGB 通道里,灰色滑块向左滑动,会减少灰度,向右滑动,会增加灰度;

(2) 在红通道里,灰色滑块向左滑动,会增加红色,向右滑动,会增加绿色;

(3) 在绿通道里,灰色滑块向左滑动,会增加绿色,向右滑动会增加洋红色;

(4) 在蓝通道里,灰色滑块向左滑动,会增加蓝色,向右滑动,会增加黄色。

(二) 色阶调色实例

对色阶有了基本认识后,下面将通过一个实例,讲解色阶的调色过程。打开素材如图 4-39。我们先观察各通道的直方图,在 0—255 色阶中有无断层,黑、白场有无溢出,观察其色阶分布是否合理,然后再对各通道逐一调整。

图 4-39　色阶调整素材

首先看 RGB 通道,可以看到色阶分布还是比较均衡的,灰度略小,将灰度滑块向右滑动到 0.8,增加灰度,如图 4-40。阴影稍有溢出,将黑色滑块向右滑动到 8。调整 RGB 的目的就是在调整图片的对比度,增加明度,就是给图片加光。

再看红通道,色阶无断层,中间调左侧稍有溢出,显示图片偏红,调整灰色滑块向右滑动到 0.92,增加绿色,减少红色,如图 4-40。

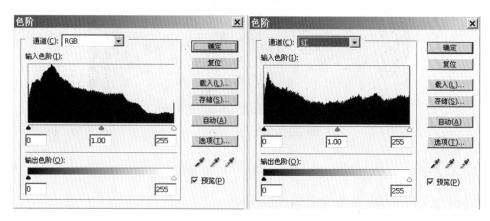

图 4-40　RGB 通道与红通道

绿通道发现,左边的阴影有溢出,右边的高光外有断层,处理方法是将黑色滑块向右滑动到 14,灰色滑块向右滑动到 0.92,白色滑块向左滑动到 230,如图 4-41:

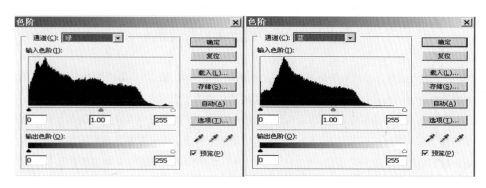

图 4-41　绿通道与蓝通道

最后蓝通道,情况与绿通道差不多,高光处的断层更大些,可见图片偏黄严重,处理方法是,将黑色滑块向右滑动到 25,灰色滑块向右滑动到 1.48,白色滑块向左滑动到 175,如图 4-41。

经过原图与色阶调整后的图片进行对比,如下图 4-42 大家可以看到,调整后已经纠正了原图的偏色现象,而且加大了图片的对比度,增加了图片的明度,也改变了图片的色相及饱和度,使图片看起来更清晰,色彩更美。调色完成了。

图 4-42　色阶调整前后对比

　　最后说明的是,调整的数值不是绝对的,要根据图片的实例情况来调。大家在调整时也不要一下调得数值太大,小数值慢慢调,同时注意观察图片的变化特别是红、绿、蓝这三个通道的色彩变化关系要记牢。

　小贴士

Photoshop 中信息面板的使用

　　按住 Alt 键用吸管工具选取颜色即可定义当前背景色。可以通过结合颜色取样器工具(Shift + I)和信息面板监视当前图片的颜色变化。变化前后的颜色值显示在信息面板上其取样点编号的旁边。通过信息面板上的弹出菜单可以定义取样点的色彩模式。要增加新取样点只需在画布上用颜色取样器工具随便什么地方再点一下,按住 Alt 键点击可以除去取样点。但一张图上最多只能放置四个颜色取样点。当 Photoshop 中有对话框(例如色阶命令、曲线命令等等)弹出时,要增加新的取样点必须按住 Shift 键再点击,按住"Alt + Shift"点击可以减去一个取样点。

项目二　中性灰调色理论

工作情景　小王在印前图像处理的工作岗位上经常要对图像进行调色处理。单凭肉眼感官的处理,小王经常是没有头绪,工作效率底下,质量很差。用 Photoshop 校正图像

偏色,没有理论指导行不行? 肯定不行! 不了解 Photoshop 中有关颜色的理论,调色只能凭感觉,玩得再烂熟,没有美术理论作指导,手绘只能乱涂! 两者是同样的道理。按理论来吧! 问题来了:在 RGB 色立方体空间中 RGB 有 1 670 万种颜色,你找得准吗? R、G、B 中的灰阶值 1 670 万组数据你都记得住吗? 当然不行。所以要在 Photoshop 中寻找校正图像偏色的理论依据和方法。有关调色理论,前人有这样的总结:中性灰是校正图像偏色的重要依据。所以小王现在通过一段时间的工作后,为了提高自身的专业能力,必须通过学习关于中性灰的理论知识,才能提高工作质量和效率。

活动一　图像色偏校正理论

活动任务　掌握中性灰调色理论。

活动引导　在我们平时的生活中大海、苹果、面容等事物的颜色在人们记忆中已经概念化。类似概念化的色彩称"记忆色"。观察外界物体时,记忆色深深影响观察着对其他色彩的判断。记忆色一般是外界事物本质特征的色彩。譬如:人们记忆中的大海色彩远比大自然中的海洋湛蓝;又如人们脑海中的苹果肯定较现实存在的苹果更鲜红。

(一)中性灰理论

在色彩理论学中,孟塞尔认为构成画面的各种色彩相混合,只有在产生中性灰时才能取得色彩和谐。他认为严格意义上的色彩调和,是指画面中的所有的颜色按比例进行混合,能够得到中性灰(引自西南师范大学出版的《色彩理论》一书)。色彩调和尚且遵循中性灰理论,那么图片偏色调整更应该以中性灰为依据了。

Adobe 关于灰平衡控制有两个基本原理:

(1)高光点、中间调及暗调决定了图像的色调;

(2)只有在灰平衡的调整下才能正确地实施色彩组合,灰平衡是颜色存在的基础。

自然界中原本是黑白灰色的物体,在正常的光线(白光)照射下,反映到图像中其 RGB 三个参数应该相等。某个照片在冲印、扫描后,图像中原本是黑白灰的物体的 RGB 值不相等了,说明这个图像偏色了。哪个值高,就是偏哪一种颜色。白色的物体在较暗的光线照射下,可以呈现灰色。所以白色的物体在图像中不一定是 RGB = 255 的标准白色。在 RGB 中,黑白灰是颜色的亮度关系,任何一个颜色(红、绿、蓝、青、黄)最亮的时候都是白,最暗的时候都是黑。所以,在灰色梯度中除了纯黑、纯白以外,只要 RGB 相等就是标准的灰色,就可以属于中性灰的范畴。至于 127 还是 128,我觉得没有必要较真。绝对值本应该是 127.5,但是无法设定小数点,所以通常以 128 为例。RGB ＝ 128 被称为"绝对中性灰"。

（二）几种典型的色偏

1. 阴天下雨的原稿看上去像是被一层淡蓝色所笼罩,由于阴天没有阳光,所以缺少红色。

2. 由荧光灯作为光源所拍摄的正片,有时会产生偏绿的现象,这是固为荧光灯所发出的光看起来是白色的,但实际上白色中含有强烈的颜色,如果用彩色底片直接拍摄必定会造成色偏。

3. 底片本身所造成的色偏是由于厂家及生产日期的不同,所以底片具有色彩的倾向也不同。这种色偏是一种少量的色偏,不会像前两种那样整体造成色偏。

4. 大部分原稿都有记忆中的颜色,比如大家所熟悉的天空、各种树木以及花草等。如果这些颜色发生了变化,人眼将很容易发现。

5. 细小的色偏是一种不被人眼所注意的色偏,对于这些色偏的解决办法是寻找图像中的中性灰色或记忆中的颜色作为一个标准。

（三）校正色偏应遵循的原则

1. 色偏不会只局限于图像中某一种颜色。

2. 当一幅图像有潜在的色偏出现时,应先检查亮调部分,因为人眼对较亮部分的色偏最敏感。

3. 校正色偏时要先选择中性灰色,因为中性灰色是弥补色偏的重要手段。在彩色部分校正灰色时,不要相信人眼所呈现的颜色,因为图像中其他颜色会改变人眼对灰色的感觉,这就是我们所说的环境色的影响,遇到这种情况应使用吸管工具进行检查。

4. 校正色偏时要尽量调整该颜色的补色。

5. 根据图像的具体要求,可以使用 HLS 模式进行调整。

6. 许多图像的色偏在某些色调范围内是相当严重的。如果只单纯地调整这部分色调,会使调整以外的色调变化剧烈,所以一定要协调好整体的色调范围。

（四）首先要搞清楚的两个问题

第一,中性灰是 RGB ＝ 1：1：1 时是从黑到白灰阶过渡色。这是一个确定影像硬件的定律性工业标准,也是还原彩色影像时的理想值。但由于彩色影像在记录过程中存在着很多影响颜色还原再现的不确定因素,造成中性色分布并非像理想平衡值那样的绝对。但是,只要我们在色彩再现过程中我们仍按硬件要求那样去做了,得到的结果就是值得肯定的。允许影像还原时中性色的偏差越小,影像就越逼真与现场颜色,这是校色学中一个追求的标准。例如雪景中的青蓝色偏色,按照中性灰标准我们不可能在还原颜色时做到绝对的 RGB＝1∶1∶1,但是只要你努力了,尽量使该灰的地方灰了,即使数据上并未达到 RGB 平衡,但视觉上已经是灰了。

我们可以利用眼睛对颜色变化不敏感的特性来达到校色的功用。其实人眼对色彩的适应调节能力随时随刻在工作着,例如一张白纸拿到白炽灯下和荧光灯下看,你看到的总是白色的,但用机器记录的颜色区别就非常大。我们完全可利用眼睛的"毛病"来降低校色时中性色理想数据的严格要求。毫无疑问,在无所适从的彩色影像中找到中性色的办法非常简单,那就是记忆中的不偏向任何颜色的中性色——黑色、灰色和白色。中性灰在彩色影像设备和彩色还原的校色中是一个铁的定律。说白了,校正后的图片,该白的地方一定要白,该黑的地方一定要黑。

第二,记忆色,能在校色中运用自己的记忆还原影像本来的颜色并非是每个人都具有的技能。这和音乐同理,学钢琴的人需要不断锻炼自己的听音能力才有可能记忆音调的高低,在没有钢琴的情况下,经过听力锻炼的人记忆很好,敲一个玻璃杯他能准确说出在钢琴上是哪个键的音。记忆色是靠长年视觉训练和不断的工作经验积累出来的,优秀的影像后期制作人员对色彩的感知也比一般人敏锐得多。这里不存在对颜色理解不同的说法,只要你牢记中性灰这个彩色影像还原定律性概念,那么记忆色也应该是相对统一的。

在校正颜色的过程中,颜色变化的临界点就是一个观察锻炼视觉的过程。这个变化十分微妙,眼力敏锐的人容不得半点偏色的沙子,追求的就是视觉平衡,而我们在机器上追求视觉上的平衡是在找回人眼所见的真谛,使被机器歪曲了的颜色人性化。记忆色的培养,靠自己平时在现实生活中细心观察,没人能帮你。但最关键的是要注意:

(1) 无色的东西。多注意身边物体、环境的颜色,并刻意去记忆它们。尤其是无色的东西,比如黑色、白色、灰色的东西。这些东西的颜色就是万物中五彩缤纷颜色的零点,中性的颜色等于零,这一点请牢记。

(2) 肤色。无论黄皮肤、白皮肤和黑皮肤,它们在彩色影像中都有一个规律,那就是应该有血色(健康色):黄中有红,白中有红或黑中有红。肤色偏黄就有病态之感,有些人皮肤即便就是偏色,但在彩色照片上也要将它校到健康色。

（五）一般矫色方法

矫正偏色是要先矫正中性灰,只有这样才能得到正确的颜色还原。彩色图像中灰色被还原到真实时,整个画面的颜色也越接近自然,最接近自然色彩的彩色图像中的灰色比例正好是三基色 RGB 数值相等时的情况。在使用吸管进行中性灰操作时,应先用黑白吸管来确定图片的黑白场,然后再用灰度吸管来确定图像的中性灰。但也可以先用灰度吸管确定中性灰校正颜色,再直接拉动色标确定图像黑白场,以保障图像色彩平衡关系。

绝大多数照片都能找到中性灰的像素点,可以从以下几方面寻找:

(1)根据经验和现实生活中知道的颜色去找应该是灰色的东西,例如头发上的高光渐进色;

(2)白色墙壁的阴影或白色衣服的阴影处;

(3)柏油马路;

(4)自然景物中应该是灰色的物质等。这些部位就是中性灰所在处,而中性灰可以就近对照软件窗口边框的灰色来比对。你注意到了吗,在 Photoshop 中,其背景就是中性灰的。

数据方式验证及矫正:

(1)开启 Photoshop 颜色信息板,鼠标所到之处数据板即适时显示颜色的数据,按中性灰为 RGB = 1:1:1 的参数比例矫正影像中应该是灰色的地方,例如电脑桌、墙壁阴影、金属管、银灰色物品等;

(2)白色衣服在不偏色的光线照射下,不是全白的地方应该是中性灰度的范围,这时可以直接在白衣服上选定一个点为中性灰,色彩校正过来了,然后再适当调整图像影调;

(3)如果是单一色彩的人物面部特写,可以参照肤色标准来矫正;

(4)肤色主调趋势不是谁随便凭感觉来决定出来的,它是由中性灰平衡特性在彩色信息记录介质上检验出来的标准肤色。

由于中性灰具有在色相失真矫正中不会被改变的特性,才支持和巩固了我们按照标准肤色校准偏色肤色的经验,当原始图像按照 RGB 和 CMY 互补规律矫正处理并使灰色得到相对平衡后,我们便充分利用 Photoshop 的"色相"功能去改变这幅图像中灰平衡以外的偏色,这种矫正就是中性灰被平衡时其他颜色却并不正常时的高级处理手段。

总而言之,按照中性灰理论,物体在正常光线照射下,其图像中的 R = G = B,而中性灰是最"公正"的,因而是我们校正偏色图像的重要依据。选取中性灰点的时候,"应该注意找那些不受环境光影响的地方"。如果图片中有 RGB = 1:1:1 的信息而其他部分却存在偏色,是色相偏移产生的,如果是物体或景物图片,可以观察偏色部分是否切合现实中看到的颜色,如果不是,用色相指令矫正之。

（六）色温、白平衡以及照片滤镜等理论

关于彩色摄影,色温会影响一张照片的感觉。在早晨或黄昏拍摄的照片会偏红,在钨丝灯光下拍摄照片颜色会偏黄,这些现象都是因为当时的色温不能符合软片的色温标准而产生色偏。在物理上,把称做完全黑体的物体完全加热,温度上升,开始变成红色呈红热状态,再继续加热会变成白色,呈白热状态。在红热状态时,光源放射能低,光波长,其红色成分较多;白热状态时,光源放射能高,波长短,其蓝色成分多。凡发光物体温度越高,光的颜色越白,温度越低,光的颜色越红。在同一钨丝灯下电压低时的灯光比电压高时还红。

应用在摄影方面,色温就是发光物体由红色到白色各级温度所放射光线中包含颜色的成分。色温高低的度数以 K(开氏度)表示,与摄氏温度的换算是:开氏度＝摄氏度＋273.15。色温 K 数变化时,蓝色光的成分并不随其等量的变化,所以在加滤光镜调整色温时换算不是很方便。于是有 DM 值的设计,DM 值的计算方法是将色温 K 数倒数的十万倍,所以色温越高,DM 值越低,色温越低,DM 值越高。用 DM 值的优点是,DM 值变化时,光线的蓝色成分随其等量变化,如此就可以由软片色温的 DM 值和光线色温的 DM 值的差额,来决定用什么号数的色温滤光镜。

例如日光型彩色软片色温标准为 19 DM(相当 5 400 K),用在光线色温 14 DM(相当 7 000 K)的情况时,两者相差 5 DM,应用红色 R5 号滤光镜以降低色温。

不同光照条件下 K 数与 DM 值的对应关系参见表 4-1:

表 4-1　不同光照条件下的色温

光照条件	光源色温 K 数	光源色温 DM 值
日出时	2 000	50
日出后或日落前 20 分钟	2 100	48
日出后或日落前 30 分钟	2 400	42
日出后或日落前 40 分钟	2 900	35
日出后或日落前 1 小时	3 500	29
日出后或日落前 2 小时	4 500	22
日出后或日落前 3 小时	5 400	19
平均中午日光	5 400	19
阴天	6 500—8 000	15—13
荧光灯	7 000	14
电子闪光灯	5 500	18
蓝色闪光灯泡	5 400	19
白色闪光灯泡	3 800	26

（续表）

光照条件	光源色温 K 数	光源色温 DM 值
照相用泛光灯	3 400	29
家庭用 500 W 灯泡	3 000	33
照相用钨丝灯	3 200	31
家庭用 100 W 灯泡	2 900	35

彩色软片是针对标准照明的色温而设计，日光型软片以晴天中午 5 400 K 为标准，灯光 A 型正片以泛光灯光 3 400 K 为标准，B 型正片与 L 型负片以钨丝灯光 3 200 K 为标准。当色温不符合软片色温标准时，就不能摄得色彩纯正的底片，需要用色温平衡滤光镜（LB 滤镜）来调整。

在白炽灯下拍出的图像色彩会明显偏红。之所以在人眼中灯光和日光下的色彩都正常，就是因为大脑会对其进行修正。大多数的摄影爱好者都希望，用数码相机拍摄出的图像色彩和人眼所看到的色彩尽可能一样。不过，由于 CCD 等传感器本身没有这种功能，因此就必须对它输出的信号进行一番修正，这种修正就叫做白平衡。对于数码相机而言，调节白平衡的问题就与色温有关，在不同的光线状况下，被拍摄物体的色彩会产生变化。比如在非常复杂的环境中，给金属外壳的投影机拍照，结果可能就会发现投影机身上笼罩了一层蓝光。所以，要尽可能减少外来光线对被拍摄物体颜色造成的影响，在各种复杂的色温条件下都能正确还原出物体本来的色彩，就需要对数码相机进行色彩方面的调整，从而找到正确的色彩平衡。这就是所谓的白平衡调整。

环境光，尤其是室内照明钨丝，在一般加热的时候发偏黄光，在最热的时候发偏蓝光。这就是为什么我们认为黄色是暖色却叫低色温，蓝色是冷色却叫高色温的原因。

由于照片受当时环境光线的影响所以会笼罩一层环境光的颜色，我们叫偏色。而黄蓝互补，所以通常蓝通道很糟糕。也是为什么大多数片子发黄的原因。而我们调色偏工作的本质就是凭借我们记忆中某一物体的颜色来修整。只要一个物体或者说一个点正确了，那么整个片子就算好了。

那我们记忆中的颜色是什么呢？叶子是绿的、天是蓝的、血液是红的等等记忆中的颜色为数并不多。但是如果图片中没有这些东西呢？如果就算有但红、绿、蓝等深浅不一，RGB 数值又如何定呢？好在有中性灰，注意中型灰不是特指 50％灰，而是包括从纯白到纯黑过度的所有灰。这些灰有什么特点呢，就是 RGB 三数值相等，而照片中都会存在这样的点，那我们就把照片中这样的点找出来（高光最白的地方、阴影最暗的地方、白纸、黑白衣服、水泥墙壁、头发、瞳孔、牙齿、金属、树干,等等),对这些点进行调整,那么整个片子大体就正了。

具体的方法不一,有自动的,如照片滤镜、匹配颜色、色阶等,有自己调整的,如色彩平衡、通道混合曲线等。做到精确都要用采样吸管把这个中性灰点点上,然后看信息调板中的 RGB 三数值,再看图大致如何偏,应该如何调,把这三数值调大致相等。

这里要强调的是:我们一定要知道,我们调整的所谓"色偏"其实并不偏,它是相机真实记录的颜色,是准确的。而我们的工作是为了讨好我们的眼睛,或者说是为了让图片的颜色同我们记忆中的颜色一致。

活动二　中性灰调色实例

活动任务　中性灰理论对偏色照片调色。

活动引导　使用数码相机拍摄照片时,出现偏色的现象是较为常见的,几乎所有数码相机都会有一定程度的偏色的现象,只是人的肉眼觉得还可以接受,所以不以为然罢了。数码照片出现偏色的话,可以使用 Photoshop 进行校正,而校正偏色数码照片的方法有多种。本案例介绍的方法是先确定黑、白场,然后寻找 18 度中灰色的方法。这种方法对偏色图片有理想的调整效果。

偏色照片的原图如图 4-43:

图 4-43　偏色照片原图

1. 首先打开需要校正偏色的数码照片，细心地观察照片中最白和最黑的区域。我们称为"白场"和"黑场"，如图 4-44 所示。（要注意的是，白场和黑场不是指照片本身白色和黑色的地方，而是照片所反映的景物中最接近白色和黑色的点）

图 4-44　确定照片的黑场与白场

2. 放大黑场的所在位置，找出其中最黑的一个色块，然后选择"图像"→"调整"→"曲线"命令，选择黑色的吸管，接着单击图中最黑的一块，如图 4-45、图 4-56 所示：

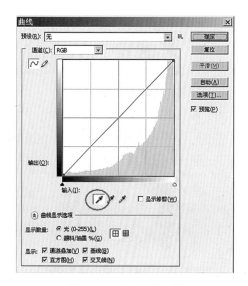

图 4-45　选择黑色吸管

图 4-46　用吸管在最黑的部分取样

3. 参考步骤 2 的方法，找出最白的色块，然后打开曲线对话框，选择白色吸管，单击图中最白的色块，如图 4-47、图 4-48 所示：

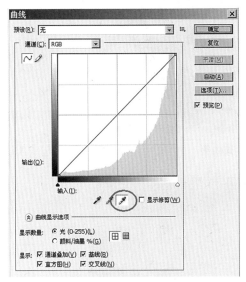

图 4-47　选择白色吸管　　　　　图 4-48　用吸管在最白的部分取样

上面的两个步骤就是确定数码照片白场、黑场的方法。经过确定黑、白场后，照片中的偏色现象就可以有很大的改善。接下来才是关键的步骤——精确地找出 18 度中灰色。

4. 按下"Ctrl＋J"快捷复制出图层 1，如图 4-49 所示：

图 4-49　复制图层

选择"编辑"→"填充"命令，设置使用"50％灰色"，如下图 4-50、图 4-51 所示：

图 4-50　设置填充内容

图 4-51　填充后的效果

5. 设置图层 1 的混合模式为"差值"，此时数码照片的效果变得像负片一样，如图 4-52 所示：

图 4-52　设置图层混合模式为差值

6. 在图层面板中单击"创建新的填充或调整图层"按钮，选择"阈值"，如图 4-53：

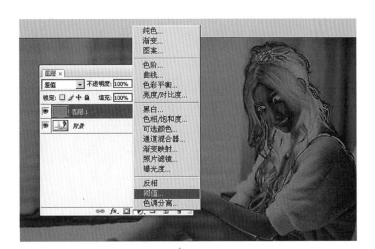

图 4-53 选择"阈值"命令

下面是关键：打开"阈值"对话框后，首先拖动调整点至最左边，此时照片变为全白色。然后在"阈值色阶"的文本框中输入数值，从 1 开始向上递增，直到白色的照片出现第一点黑色为止即可，如图 4-54、图 4-55 所示：

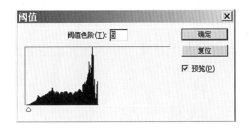

图 4-54 打开"阈值"对话框

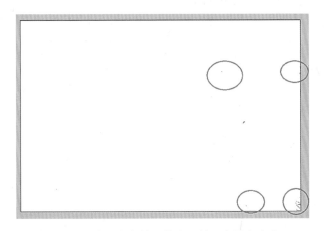

图 4-55 直到白色的照片出现第一点黑色为止

图中红色圈中就是出现的第一个黑点。

7. 放大照片,使用"颜色取样器工具"单击这批黑色,可以单击一个或多个以作为标记,如图 4-56 所示:

图 4-56　使用"颜色取样器工具"单击黑点

删除"阈值 1"和"图层 1"如图 4-57:

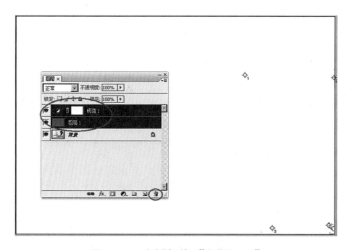

图 4-57　删除"阈值 1"和"图层 1"

8. 最后就是确定灰场了。打开曲线对话框,选择灰色的吸管,然后单击照片中标记了的色块,如图 4-58 所示:

确定灰场,最后删除标记,原图和最终效果图的对比如图 4-59 所示:

图 4-58　用灰色吸管单击标记色块

图 4-59　偏色调整前后对比

活动三　直方图调色实例

活动任务　用直方图对偏色的图像调色。

活动引导　通过对图像直方图的查看,来认识各类不同调子的原稿,从而掌握其内在规律,为原稿调色打好理论基础。

（一）了解直方图

　　Photoshop 直方图提供了一些图像数据信息,借助直方图面板中的这些信息,可以快速判断图像中的颜色分布和一些颜色问题,从而修正偏色等问题。

　　执行"窗口"→"直方图",可以打开"直方图"对话框,可能每个人打开直方图显示的会不太一样。单击面板右上角的"设置菜单"按钮,可以选择不同的视图来查看直方图,如图 4-60：

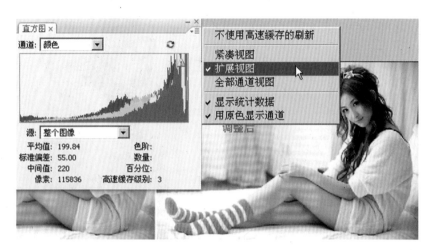

图 4-60 "直方图"对话框

Photoshop 如何看直方图是需要掌握的，我们来学习直方图应该怎么看。

1. 利用直方图来观察图像色调

（1）亮调图像。

直方图中间的峰值图，最左边表示暗部区域，中间是灰部区域，最右边是亮部区域。越往左越暗，越往右越亮。如下图 4-61 中的图像，图像像素主要分布在调板的右侧，也就是亮色调区域的图像像素较多，而左侧即图像暗部区域几乎没有像素。通过直方图我们可以知道，该图像整体偏亮，缺少黑色像素，从而使亮部细节损失较大。此类图片除非特殊需要，否则我们可以认为是一张曝光过度图像。

图 4-61 高调图像的直方图

（2）暗调图像。

如下图 4-62 中的图像，图像像素集中在直方图的左侧，也就是暗部区域，亮部区域几乎没有图像像素。通过直方图可以知道，图像暗部的细节损失较大，图像亮度不足。

我们可以认为是曝光不足图片。

图 4-62　暗调图像的直方图

（3）灰色调图像。

如下图 4-63 中的图像，图像像素集中在中间部分，即中间色调的图像像素包含较多，没有亮部和暗部。通过直方图可以知道，图像效果表现为反差过低，层次减少，画面发灰。

图 4-63　灰色调图像的直方图

（4）高反差图像。

图 4-64 的直方图为 U 形图，通过直方图可以知道这个图像一定是一幅高反差图，大部分的像素要么集中在亮的地方，要么集中在暗的地方，中间区域的像素非常少。

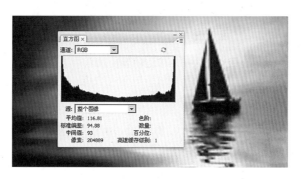

图 4-64　高反差图像的直方图

通过上面四幅图像,我们知道如何通过 Photoshop 的直方图来了解图像颜色的色调。那么,什么样子的直方图分布是正确的呢? 一幅比较好的图像应该明暗细节都有,在直方图上就是从左到右都有分布,同时直方图的两侧是不会有像素溢出的。直方图的竖轴就表示相应部分所占画面的面积,峰值越高说明该明暗值的像素数量越多。

如果直方图显示只在左边有,说明画面没有明亮的部分,整体偏暗,有可能曝光不足;如果直方图显示只在右边有,说明画面缺乏暗部细节,很有可能曝光过度;如果直方图显示只在中间部分,说明画面缺乏明和暗,也就是没有明暗对比,导致图像发灰不清楚。

(二) 直方图校正偏色

我们通过一幅偏红的图像来学习在 Photoshop 中如何看直方图,以及对应偏色的调整方法。

下面的图 4-65,感觉肯定是偏红了。看看直方图的通道信息:绿通道和蓝通道没有右边部分信息。

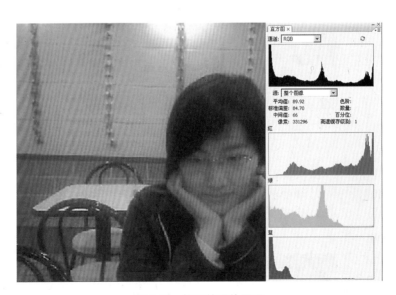

图 4-65　偏红的照片原图

根据上面的直方图看到的信息,做如下调整:

1. 打开图像之后,新建调整图层,调整色阶,对绿通道进行处理。将绿通道的白色滑块移动到色阶直方图对应的有像素的地方。这时候再观察直方图面板的绿通道和没有调整之前已经不同了,整个绿通道已经有了像素,如图 4-66:

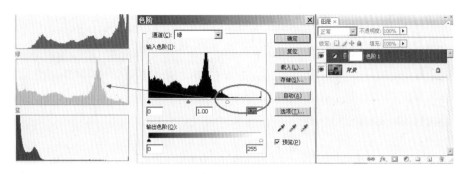

图 4-66　调整绿色通道

同样的方法如图 4-67,将红通道左边的黑滑块也移动到直方图下面有像素的地方:

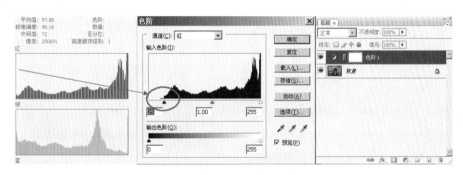

图 4-67　调整红色通道

2. 再新建调整图层,打开通道混合器。依照直方图的分布添加颜色。偏红的图片,红通道不动。重点调整蓝通道,我们为蓝通道添加 112% 的绿,如图 4-68。另外绿通道添加一定数量的红,此处添加 16% 的红,如图 4-69。具体数值观察直方图和图像本身,边调边看,不拘泥于数字。

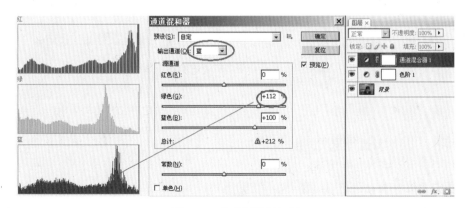

图 4-68　为蓝通道添加绿

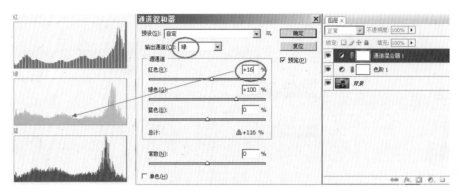

图 4-69　为绿通道添加红

添加和减少什么颜色等具体的调色原理，在此前的任务中有详细的介绍。

当两个通道调整得差不多的时候我们会发现颜色基本回来了，不再出现偏红的现象，下面是按照上面介绍的调整之后的图像效果和直方图面板，如图 4-70：

图 4-70　通道调整之后照片不再偏红

活动四　偏暗的图像处理方法

活动任务　解决曝光问题，处理闪光不足的照片。

活动引导　经常在拍摄照片时，内置闪光灯无法提供足够的照明，这种照片看起来总体上曝光不足,因为闪光灯功率不够,无法照亮场景,但是通过处理,我们可以创建一幅可以接受的最终图像。

图 4-71 中所示的抓拍图像就是用闪光灯照明时曝光不足的很好例子。多数色调都很暗,但是图像中包含的数据信息量还是比较丰富的。

图 4-71　曝光不足的照片原图

要想校正此类图像,我们使用下列操作步骤。

1. 对于这种闪光不足的照片,首先要做的就是查看直方图并研究一下图像。首先要确定的就是了解该图像是否值得编辑,还是它已经无法完全修复。在图 4-72 中可以看到图 4-71 中所示照片的直方图。即使原始照片中的光线不足,但是通过 Photoshop 的工作仍可挽救该图像,满足我们印刷需求。

图 4-72　照片的直方图

要想了解可用的色调信息,可打开"色阶"对话框并将右侧的高光滑块,一直拖动到左侧,让现有的暗色调信息更容易可见,如图 4-73 所示。不要担心所出现的过度高光,因为我们不会保存这次编辑后的内容。

图 4-73　打开"色阶"对话框并拖动高光滑块

可以看到在暗的阴影色调区域中有大量的细节。杂色级别相对较低,所以可以恢复该细节区域并解决曝光不足的问题。

2. 首先提高未编辑文件的位深度,这样进行大量编辑后不会出现色调分离的问题。打开图像并将图像转换为 16 位的图像,方法是选择"图像"→"模式"→"16 位/通道"。将图像转换为 16 位图像,如图 4-74:

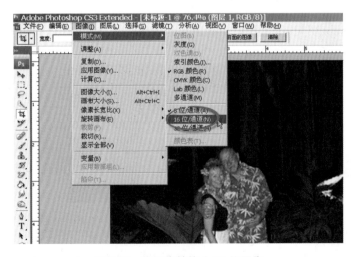

图 4-74　将图像转换为 16 位图像

选择"图像"→"图像大小"→打开"图像大小"对话框并将宽度（或高度）降低到71％。确保选中了"约束比例"和"重定图像像素"复选框。为"重定图像像素"模式选择"两次立方"，如图4-75所示：

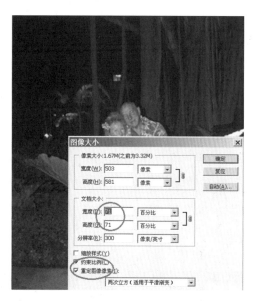

图4-75　在"图像大小"对话框中的操作

3. 选择"图像"、"应用图像"并从"混合"模式下拉菜单中选择"滤色"，保持"不透明度"的默认设置100％，如图4-76所示。只用一次"滤色"模式就可让图像显著变亮，如图4-77。

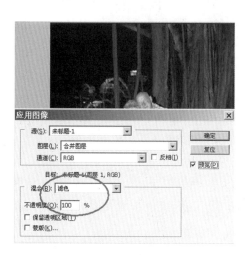

图4-76　在"应用图像"对话框中选择"滤色"模式　　　　**图4-77　"滤色"之后的效果**

通常使用"应用图像"命令时的明智做法是：不要完全调整出图像所需的最终色调值，这样可以使用更为精确的工具（如"色阶"和"曲线"）进行最后的微调。如果有大批较暗的抓拍图像需要编辑并且时间并不充裕，则可使用"应用图像"调整作为最终的编辑手段。

4. 较暗的图像背景仍旧包含可还原的色调部分，可让背景显露出来并让抓拍的图像看起来更自然。此处使用的最佳工具是"阴影/高光"命令，但是仅使用阴影还原功能。该工具自动遮蔽暗色调并突出色调较暗的区域，同时不影响"中间调"区域的局部对比度。选择"图像"→"调整"→"阴影/高光"，打开"阴影/高光"对话框。使用该工具的关键字操作要更容易，工作起来更轻松。对于该示例图像，阴影滑块 15％ 的"数量"设置（参见图 4-78）可以揭露出最暗的色调部分并让它们与前景对象之间具有更为自然的关系。较高的阴影滑块"数量"设置会导致严重的晕圈，通常使阴影色调部分很难看，要保守地使用该工具。

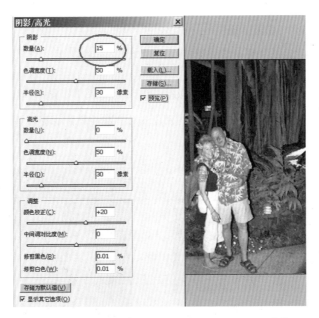

图 4-78　在"阴影/高光"对话框中使用阴影还原功能

5. 该图像仍旧缺乏全黑和全白的色调。使用"应用图像"和"阴影/高光"工具进行的最初编辑工作，让图像的色调从总体上看，具有更为合理的视觉关系，并且允许我们进行某些微调来获得最佳质量的图像。

该图像的总体色彩平衡现在非常接近于正常，但是红色相过度饱和并且与其他颜色相比显得更偏向洋红色。选择"图像"→"调整"→"色相/饱和度"。在"色相/饱和度"对话框中,从"编辑"下拉菜单中选择"红色"。将红色的饱和度降低15%,让红色的饱和度与图像其余颜色之间趋于正常,这是靠眼睛来判断的。但是红色仍旧显得太冷(洋红色),所以要将"色相"滑块向右拖动5%,为红色添加一点黄色,让它显得更暖一些,如图4-79所示:

图4-79　在"色相/饱和度"对话框中调整红色的色相

提示:要预测"色相"滑块所提供的色相变化,可查看"色相/饱和度"对话框底部的颜色渐变。选中"红色"后将滑块稍微向右移动可为红色色相添加黄色。可以将底部的渐变颜色看成一个标准的色轮,只不过它是平放在对话框底部罢了。

6. 图像看起来总体的饱和度仍旧偏低,但是如果需要,在完成色调编辑后可进行最终的调整。查看"信息"调板,可检查白场、黑场的色彩平衡,并确定绝对黑场、绝对白场色调级别。在该图像中,妇女穿着一条白色的裤子,所以很容易衡量高光的色彩平衡。对于黑色而言,可查看背景中最暗的色调区域。

默认情况下,"信息"调板中处于前面的是"导航器"窗口。单击"信息"选项卡或按F8即可将"信息"调板,变为活动的。选择吸管工具,然后在图像最亮的区域单击来访问白场。然后在图像最暗的区域再次单击吸管工具来访问黑场。结果显示白场、黑场都非常接近于中性色,如图4-80所示。

图像额外的对比度,总体饱和度满足我们的要求,与原始文件相比有了很大的改善,比较图4-81中的原始图像(左)和编辑后的图像(右)。解决此类图像所需的编辑步骤只需不到一分钟的时间即可完成。

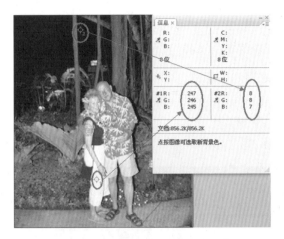

图 4-80　检查白场、黑场的色彩平衡

图 4-81　编辑前后效果对比

【体验活动】

1. 运用曲线调色工具,对工作中的图像进行调色实践。

2. 运用中性灰的理论,对工作中的图像进行调色实践。

附录　图像调整所需工具和方法速查链接（Photoshop CS4 环境下）

（一）基本调整

1. 调整图片为指定的尺寸（适合打印的分辨率为300）："图像大小"首先关闭"重定图像像素"界面后调分辨率为300。调图片大小的时候再打开"重定图像像素"。

2. 将小图片变成大图片：所需工具："图像大小"命令、"记录动作"。打开图片，执行图像菜单"图像大小"命令，确定勾选了"重定图像像素项"，差补为二次立方（适用于平滑渐变），然后在文档大小中将单位修改为百分比（110%），这样就增大了10%。一次放大10%，相片就不会变得模糊。如果这样重复调整显得太花时间，所以在窗口菜单中打开动作面板，然后创建动作，设置好名称和功能键单击记录按钮，重复放大10%的动作后，然后点停止记录按钮。只要一直按刚才设置的功能键，就能一直放大到需要的大小。

3. 智能缩放："画布大小"→"内容识别比例"。先调整画布大小，再用"内容识别比例"点击"保护肤色"这个按钮，人物就不会变形，然后拉到合适的大小。

4. 调整图片角度："度量工具"→"旋转画布"。先用"度量工具"找个自认为平行的平行点，然后用"图像旋转"中的任意角度，就能旋转过来。再裁边就行了。

5. 通道锐化：使模糊的图片变清晰，通道锐化能准确找到图像边缘并进行图片的锐化。所需工具："照亮边缘"滤镜、"绘画涂抹"滤镜。打开通道面板，找个边缘清晰的通道进行操作，然后创建个副本通道，执行滤镜菜单中风格化中找到"照亮边缘"滤镜，主要调整图像的轮廓，再从滤镜菜单中找到"高斯模糊"调成半径0.5，然后再调色阶。在图像菜单中找到"色阶"命令对话框，调整需要锐化的区域使轮廓更加准确，通过以上步骤就能得到一些图像的边缘，也就是白色的线条。然后将副本转换为选区，把通道拉到"将通道作为选区"按钮转化为选区，就能创建一个选区。保持选区在图层面板中将背景图层拖到创建新图层，就能复制一个图层并保留好选区。以上操作主要是得到这个选区，然后再来执行滤镜进行锐化。在艺术效果中找到"绘画涂抹"滤镜，这个滤镜相当于用画笔在图像上绘画，设置画笔大小越小，图像越清晰，确定后取消选区就完成了锐化。然后又复制一个图层，把图层混合模式调成"正片叠底"，修改不透明度为20%就完成了。

6. 智能锐化：图片虚化造成的模糊的修改。所需工具："USM 锐化"滤镜、"智能锐化"滤镜。打开文件，执行"滤镜"菜单找到"USM 锐化"滤镜，使用滤镜会自动调整边缘细节的对比度，在边缘的每侧生成一条亮线和一条暗线，在此过程中使图像的边缘突出，从而达到使图像更加锐化的视觉效果。设置参数："数量"（设置锐化量）50％；"半径"（受影响的像素）10 像素。阈值越低锐化效果越强，确定后就初步进行了锐化。然后再进行"智能锐化"，在"滤镜"菜单中找到"智能锐化"，相对于刚才的锐化，"智能锐化"可以改善边缘的细节、阴影、高光锐化。设置：首先要点选"高级"选项，再点击"锐化"进行设置参数；"数量"60％；"半径"2.5 像素，移去"高斯模糊"，使图像更加细腻。

7. 去除多余人物：所需工具："仿制图章"工具、"多边形套索"工具。用"仿制图章"工具把多余的人物与相似的地方进行涂抹，如有不适合的地方，则用"多边形套索"工具创建选区，用"Ctrl＋Z"键将选区复制到新的图层中，调整适合的大小进行覆盖。

（二）图片颜色调整

1. 修复曝光不足：调整"曝光度"。打开调整面板，这些命令也可以在图像菜单中找到，不同的是在菜单中打开的命令是直接调整，而在调整面板中则是增加一个蒙版图层进行调整，不影响背景图层，然后调整适合的参数就行了。

2. 修复曝光过度：打开"正片叠底"图层混合模式。先复制一个背景图层，将图层模式修改为"正片叠底"模式。"正片叠底"模式能使图片变暗，将不透明度设置为50％左右，填充为60％，这样做能产生渐变的层次感，进行多次复制就能对颜色进行均匀的加深，这样就能够很好地修复了。

3. 校正逆光图片：适用于景色清晰，人物较黑图片。可以使用"阴影/高光"、"历史记录画笔"工具两种方法。第一种方法在图像菜单中找到调整"阴影/高光"命令，这个命令就是专门用来解决数码图片欠曝问题，设置好参数就能快速修复逆光的图片。第二种方法：首先在图像菜单中找到"色阶"命令，色阶可以调整图片的明暗，这样就将所有图像都调亮了，在后面纠正。在"历史记录"面板中可以看到有两个记录。一个是打开，一个是刚才调整的"色阶"。单击"打开"状态，图像就恢复到打开状态，然后在"色阶状态"前面的方框单击，就显示了"历史记录画笔"，这说明将用"色阶"应用后的样子来绘图，在工具栏中找到"历史记录画笔"工具，保持不透明度和流量都为100％。设置画笔大小后进行绘制，就能达到对图片进行局部的色彩调整。

4. 调整图片的明暗和偏色：所需工具："曲线"命令。打开"调整"面板找到"曲线"命令会添加一个曲线图层，RGB 通道模式下就能直接将图像增亮或变暗。如果偏色，则在通道的下拉列表中找到所偏的颜色,然后再降低所偏颜色的像素。

5. 专业校正颜色:所需工具:"曲线"命令、"阈值"命令。找到"曲线"命令,打开"曲线"对话框,找到三个类似吸管的工具用来校正色彩。黑场,就是选择图像中的最黑点,它就能自动调整。在调整面板中找到"阈值"命令,就能很轻易找到最黑点和最白点,然后删除阈值图层,就只保留了两个拾取点。再使用曲线命令来校正颜色,依次定义黑场来校对暗调、白场来校对高光的颜色和灰场的选择就好。

6. 将色彩暗淡的图片变鲜亮:对于色彩不怎么鲜艳,缺乏层次感的图片,使用"色阶"命令、"色相/饱和度"命令就能调整各个频段颜色的参数,就可以对颜色不满意的图片进行修正,突出层次感。在调整面板中,展开"色阶预设"就可以看到系统自动设置了多个模式,选择"增加对比度 3"模式,设置好参数,就增强了图片的明暗对比度。还要再调色彩的鲜艳度,先单击背景图层为当前图层后,找到"色相/饱和度"命令,增加色相,增大饱和度。如果要修改某一地方(比如脸部皮肤显得苍白),在"色相/饱和度"命令左方有个手,拉一下就可以了。

7. 调整色彩偏灰的图片:如果图片对比度不够,就使图片像蒙上了一层灰,用"亮度/对比度"命令、"自然饱和度"进行调整。在调整中找到"亮度/对比度"命令,增大对比度为 90,适当的增加亮度 10,这样图片的对比度就增强了许多,但图片还不够自然;再进行"自然饱和度"的色彩调整。"自然饱和度"它在快速地使图片的颜色加深或者减弱的同时能够防止颜色过度的饱和而显得不自然(属 CS4 新功能)。它能始终保持颜色的本真(自然)色彩。

（三）人物美化

1. 去除皱纹:所需工具:"仿制图章工具"、"蒙尘与划痕"滤镜。打开文件,首先用曲线将图片增加适当的亮度后确定,再开始去除皱纹,用"仿制图章工具"进行修复,设置"正常模式",把不透明度设置为 60%,这样效果比较柔和。用图章将皱纹进行涂抹去除;还要再进行适当的柔化皮肤,执行"滤镜"菜单中的杂色"蒙尘与划痕"滤镜,可以对图像中的斑点和直痕进行处理,这样毛孔就会变得小一些。

2. 去除面部雀斑:所需工具:"减少杂色"滤镜、"修复画笔工具"。打开"滤镜"→"杂色"→"减少杂色",弹出对话框,"强度"增强一些,让皮肤细腻一些,适当保留细节,并减少杂色,"确定"。启用"修复画笔工具",先定义一个取样点,然后进行修复。与仿制图章不同的是"修复画笔工具"在修复的过程中会自动羽化,还会进行差值运算,这样看起来就比较柔和。

3. 去青春痘：所需工具："修补工具"、"表面模糊"滤镜、"面部污物工具"。用"修补工具"进行修补青春痘，属性栏要点选目标，意思是将选定的区域拖放到有青春痘的地方。第二种"污点修复画笔工具"同样可以去除青春痘，属性调适合的画笔大小，类型要选近匹配，直接点击污点就可以了，非常快捷。下一步要进行柔化皮肤，先把背景复制一个副本图层，在滤镜菜单中找到"表面模糊"，设置一下参数，使皮肤显得细腻，平滑。再清晰人物的轮廓，单击"橡皮擦"工具，适当调整一下透明度（25%），然后在眼睛、眉毛处擦除。

4. 去除眼袋和油光：所需工具："修补工具"、"修复画笔工具"。先去除眼袋，在"修补工具"选项点选"源"，意思就是说圈出图片中不理想的区域，然后将它拖到干净的区域。在眼袋处先圈出眼袋之后，将它拖放到一个干净的区域上，"修补工具"会自动采样来修补眼袋。注意不要拖放到鼻子、眼睛、嘴巴上。再去除油光，选择"修补画笔工具"，在选项里将模式调成变暗。这样就只影响比采样点亮的像素，比较容易。

5. 加深眉毛：所需工具："加深工具"、"锐化"滤镜。首先将背景图层进行复制，用"多边形套索"工具选中眉毛，进行锐化，然后进行"亮度/对比度"设置一下亮度和对比度加深；再用"加深工具"，将曝光度设置一个适中的大小（30%），确定点选保护色调后进行涂抹。最后再进行 次锐化，显得更加自然些。

6. 明亮眼睛：所需工具："快速选择工具"、"减淡工具"、"海绵工具"、"画笔工具"。先用"快速选择工具"选择眼睛的"眼白"；再找到"减淡工具"不清新眼白，注意要在选项中去除"保护色调"的勾选，设置好画笔大小，曝光度为30%，在选好的眼白中涂抹。这个减淡工具通常可以使用在增亮皮肤、增亮牙齿等方面。再用"海绵工具"去除血丝，"海绵工具"可以增加或降低色彩的饱和度，选择降低饱和度模式，勾选"自然饱和度"，调到合适的效果就好。再明亮眼睛，让眼睛显得更加有神采，首先在底部单击创建一个空白图层，然后确定前景色为白色，再选择一个比较小的画笔，将不透明度设置为50%，然后在眼睛需要高光的地方进行点画，最后要来局部锐化眼睛，让眼睛更加的有神，使用"锐化工具"，强度设置为35%左右就可以了，然后在眼睛上进行涂抹，涂抹之后眼睛就会更加清晰有神。

7. 美白牙齿并添加唇彩：所需工具："羽化"命令、"钢笔工具"、"色相饱和度"命令、"添加杂色"滤镜。先用工具栏中的"减淡工具"，它能快速增白图像的局部区域。首先设置一个合适大小的画笔，曝光度保持30%左右，注意还要去除"保护色调"勾选，然后对牙齿进行涂抹，就能很快地增白牙齿。再进行添加唇彩，先用"钢笔工具"勾出嘴唇的路径,然后在路径面板就会自动生成一个工作路径,钢笔工具与路径面板有十分密切的关系。然后将路径转化为选区,先按住键盘上的 Ctrl,同时单该路径,可以转化为选区之后,再来羽化一个像素,这样可以使选区的边缘比较柔和。接下来调整嘴唇的颜色,在图层面板中按下"Ctrl＋A"键,即可以将选区币制到新的图层中,在图像菜单中找到"色相/饱和度"命令,调整参数,适当增加饱和度,嘴唇颜色就会变得红润。再添加些唇彩的闪亮效果,让人物变得更加漂亮:在滤镜菜单中找到"添加杂色"命令,先设置数量的大小为满意即可,分布是高斯分布,勾选单色,确定就可以了。

8. 一分钟快速美白:所需工具:"柔光"图层混合模式、"橡皮擦工具"。不需要进行抠图就能快速美白皮肤。首先在图层面板中创建一个空白的图层,设置前景色为白色,再用油漆桶进行填充,即可将空白图层变成白色,再将图层的模式调成柔光模式,即可实现图层增白的效果,再用"橡皮擦工具"擦除除人物皮肤以外的地方就行了。

9. 增高与瘦身:所需工具:"裁剪工具"、"自由变换"命令、"液化"命令。确定背景色为白色,用"裁剪工具"进行裁剪成背景稍长,然后用直方形选择工具选择腿部,然后在编辑菜单找到"自由变换"命令进行上下拉动进行放大缩小图像,完成后按"Ctrl＋B"键来取消选区。在滤镜菜单中找到"液化"命令就能对身材进行瘦身、隆胸、增大眼睛等等,接下来开始消除腰间赘肉,单击"向前变形"工具,设置画笔大小为 25 左右即可,然后在人物腰间进行推动就能达到瘦身的效果。

（四）高级人物美容

1. 打造美白娇嫩肌肤:所需工具:"多边形套索工具"、"表面模糊"滤镜、"减淡工具"。先用"多边形套索工具"设置羽化为 5 像素,这样子圈出来的选区边界就比较柔和,选好之后用"Ctrl＋Z"键将选区复制到一个新图层,然后在菜单滤镜找到"表面模糊"命令,设置参数为半径 4 像素,阈值 10 色阶,这样皮肤就会变得细腻、柔滑。再用"减淡工具"进行美白,把曝光度设置小一些,25％左右,不要勾选"保护色调",然后在图像上进行涂抹,这样就能美白了。最后再添加腮红会变得更加漂亮,首先新建一个空图层,将模式设置为颜色,然后设置 R 值为 255,G 值为 180,B 值为 180,这是一种非常漂亮的粉红色,单击"确定"。然后再选择"画笔",设置不透明度为 20％,这样效果会显得非常地柔和,然后在脸部进行涂抹,这样就有了漂亮的腮红。

2. 加长睫毛:所需工具:"画笔工具"画笔预设。先新建一个空白的图层,确定前景色为黑色才能绘制出黑睫毛,然后选择"画笔工具",设置不透明度为 100％,调出"画板"面板,在面板中选择一个像睫毛的样式,然后单击画笔笔尖的"样式",首先将其下方所有的状态都去除掉,这样子就能得到一个类似睫毛的形状,设置好直径大小和角度后顺着眼睛的形状绘制睫毛。

3. 数码染发并添加光泽:所需工具:"色彩平衡"命令、蒙版的概念与使用。打开调整面板选择"色彩平衡命令",拖动滑块设置一个自己喜欢的颜色,在这里只针对头发,就会多出一个"色彩平衡"蒙版图层,转回到调整列表中。单击"色彩平衡"蒙版图层,然后确定前景色为黑色,按"Alt+Delete"填充蒙版变成黑色。让前景色变成白色,然后使用画笔工具,选择一个柔和的画笔,将不透明度设置为50%,然后在头发上绘制,这样前面的红色头发就会出来了。绘制头发边缘的时候可以将前景色调成灰色,这样绘制出来的效果比较柔和、透明。将图层绘制好后,将图层蒙版的混合模式设置成"颜色",会显得更加自然。最后添加光泽,首先要盖印图层,按"Shift+Ctrl+Alt+E"就可以得到盖印图层1。所谓的盖印图层就是将当前所有可见的图层的效果合成到一个新的图层中,而原来的图层依然保留了下来。然后使用"减淡工具"来为头发添加光泽,先设置合适的画笔大小,曝光度保持在30%左右,不勾选"保护色调",然后在头发的转折处进行涂抹,先用较大的抹一次,再用较小的抹一次。

4. 磨皮美白特技:所需工具:"减少杂色"、"高斯模糊"、"匹配颜色"、蒙版的使用。首先复制图层副本,在这个图层进行调整,滤镜菜单选择"减少杂色"命令,点选"基本"项,强度为10,保留细节为20%单击"确定",皮肤就会变得很光洁了。再次执行"滤镜"菜单找到"高斯模糊"命令,将半径设置为2个像素,确定之后整个图像都变模糊了,在图层面板中单击"蒙版"按钮,就为图层1添加了蒙版作用,然后将背景色设置为黑色,确定选中了蒙版的缩略图,然后按"Alt+Delete"将蒙版填充为黑色,这样人物又恢复了清晰状态。蒙版作用:在蒙版中使用黑色涂抹,蒙版作用成透明的;而使用白色,就会成不透明的。接下来要用画笔来刷出柔和的皮肤。首先要将前景色设置为白色,确定选中图层1蒙版的缩略图,然后使用画笔工具选择一个比较柔和的画笔,不透明度保持在50%左右,在人物皮肤上进行涂抹。注意要避开五官,在涂抹额头有头发的地方,要使用较小的透明度(20%)来进行涂抹。接下来还要来进行美白操作,按下"Shift+Ctrl+Alt+E"进行盖印图层就可以得到盖印图层2,执行"图像"菜单在"调整"菜单找到"匹配颜色"命令,先勾选"中和"项,然后将渐隐设置为50,就能去除泛红的效果。再进行一次美白,将图层2复制出一个新图层,修改图层的"混合模式"为滤色,这种图层模式可以使新加入的颜色与原图像的颜色合成为比原来更浅的颜色,这样就能达到美白的效果。将不透明度设置成80%,增白了皮肤,可是把皮肤以外的地方也变白了,所以再用"橡皮擦工具"来擦除眼睛和头发等皮肤以外的地方。

5. **化出迷人的妆容**：使用到"钢笔工具"、"羽化"命令、"色相/饱和度"命令、"画笔工具"。首先用"钢笔工具"勾出眼影路径（就是眉毛以下的眼部，眼睛也要选），打开路径面板，就可以看到刚才勾出的路径，要对路径进行"双击"保存（如果不保存的话下次选路径就会替换之前的路径），再将路径转化为选区（Ctrl＋Enter）。然后进行羽化，将羽化半径设置为 5 个像素。然后调整眼影的颜色，在"图像"菜单中找到"色相/饱和度"命令，调整参数设置一个眼影的效果，确定之后取消选区。再加深一下眼影，找到"加深工具"，调整画笔大小，曝光度设置为 10％左右，然后在人物眼睛的双眼皮和眼睛周围进行涂抹，这样就能起到层次感的效果。下面再来制作唇彩，先使用"钢笔工具"勾出嘴唇的路径然后保存，再将路径转化为选区（Ctrl＋Enter），然后进行羽化，将羽化半径设置为 1 个像素，保持嘴唇的选区返回到图层面板中，然后按下（Ctrl＋Z）就将嘴唇的选区复制到新图层中（为图层 1），找出"色相/饱和度"调整嘴唇的颜色，设置参数为色相－25，饱和度＋10，明度＋5。下面还要为嘴唇添加闪亮的唇彩效果，保持图层 1 为当前的图层，在"滤镜"菜单中找到"添加杂色"命令，设置数量为 4％，分布为高斯分布，勾选"单色"，可以看到唇部出现闪亮效果。接下来再为人物添加腮红，还有点出眼睛的高光。先复制一个空白的图层，命名为"腮红"，将前景色设置为桃红色（R255，G160，B229，这是一个非常漂亮的桃红色），使用画笔工具设置不透明度为 10％，然后在人物的脸颊处进行涂抹，在涂抹的时候可以先用笔画大的笔画进行大范围的涂抹，之后再缩小画笔大小，局部进行涂抹，这样子就为人物添加了腮红。接下来还要为人物点出高光，先复制一个空白图层，命名为"眼睛高光"，将前景色设置为白色，同样使用画笔工具，将不透明度设置为 80％左右。画笔大小可以根据需要来进行调节，让高光有大有小。

（五）制作图片特效

1. **制作虚光照效果**：所需工具："椭圆选框工具"、"高斯模糊"、"羽化"。打开文件，复制背景图层，单击"滤镜"菜单在"模糊"中找到"高斯模糊"命令，半径大小自己设置，这样整张图像都变模糊了，再用"椭圆选框工具"拉出一个椭圆选区，在对选区进行羽化 20 像素，然后按"Delete"键清除选区。

2. **制作拼图效果**：所需工具："智能滤镜"的使用、"纹理化"滤镜、投影"图层样式"。打开文件，首先将背景图层转化为"智能对象"（智能对象：可以对图形进行非破坏性的缩放、旋转以及变形，比如图缩小后再拉大，这样会使效果变得模糊，而转化为智能对象后就不会模糊)后会变成图层 0。再来制作纹理效果,在"滤镜"菜单纹理中找到纹理化滤镜,在纹理化对话框中载入纹理文件,就可以将纹理作用于图像上,设置好纹理的大小,凸显为纹理的强度 25(为了方便用"磁性套索工具"选择单个图像),光照保持'上',可以看到图层 0 上出现"智能滤镜"和"纹理化"的图标。用"磁性套索工具"勾出些需要突出的选区来丰富视觉效果,因为刚才强度调到 25,所以现在选择非常方便,然后复制成新图层。然后再将"纹理化"的强度调到 7,这样就比较自然。然后将"磁性套索工具"勾出的选区制定出特别的投影效果。

3. 制作黑白艺术照:所需工具:"Lab 颜色"、"灰度"、"扩散亮光"。首先要转换一下图像的模式,在"图像"模式下拉菜单中找到"Lab 颜色",打开通道面板,可以发现原本是 RGB 通道,现在变成 Lab 模式。这种模式可以在不丢失图片的明暗对比的同时,能够突出主次,从而使图片更具有质感,并且层次也比较显明,这种方法是所有方法最好的。在通道面板中我们选择明度通道,全选图片并进行复制通道之后,再次单击选中"Lab 通道",然后返回到"图层"面板中,创建一个空白图层把刚才图片复制过来成为图层 1,将黑白图层再复制一个"图层 1 副本",然后将混合模式修改为"正片叠底"来加深图片的明暗强度。为了避免明暗对比过于强烈,可以将不透明度和填充都设置为 75%这样来加强层次感,然后将副本图层合并到图层 1,这样就得到一张层次感比较好的黑白图片。为了让这张相片效果更加柔美,还需要对它进行"扩散亮光"的处理,但"扩散亮光"滤镜不能在 Lab 模式下进行,模式中选择"灰度"命令,在这里要选择不拼合图层,然后在滤镜菜单"扭曲"中找到"扩散亮光"命令,它可以向图像中添加透明的背景色颗粒,这些颗粒在图像的亮区向外扩散,就产生了一些发光的效果。调整好适合的参数就好了。

4. 制作动态图片:所需工具:"磁性套索工具"、"径向模糊"滤镜。打开文件,首先调整图片色彩,按下"Ctrl+M"打开"曲线"命令适当增加光线,再用"磁性磁索工具"来圈出人物的选区,之后进行羽化 10 个像素,点击"确定"按钮,然后再进行一次反向选择,将选区进行"径向模糊",调整参数为缩放,稍微再设置一下数量,确定就可以了。

5. 增加图片景深:所需工具:快速蒙版、"渐变工具"、"镜头模糊"滤镜。首先圈出需要突出的东西,再执行选择菜单,选择"反向"命令,这样就选出了除突出东西以外的东西。然后点击"快速蒙版"工具,进入蒙版之后,刚才没有选择的部分就用蒙版遮起来了,防止被修改。因为我们要做一个渐渐虚化的效果,所以还需要来制作一个渐变的效果。确定前景色和背景色为黑色和白色,单击工具栏中的"渐变"工具,选择从前景色变为背景色渐变颜色,模式选择为线性加深,然后从下方向上方拖拽鼠标,形成一个渐变的效果。因为当前是在蒙版情况下的,所以这样子制作出来的效果是蒙版作用的渐变。下面我们再次单击"快速蒙版"工具,退出了"蒙版"模式,就可以看到一个新的选区。这说明在选区内是虚化最强烈的部分,而选区外只是渐变的虚化,这样处理的目的是让虚化后的背景还有主体图像的过度比较自然。然后再来制作模糊的效果,选择滤镜菜单"模糊"中找到"镜头模糊"对话框,设置好自己喜欢的效果,确定就可以了。

〔美〕马克·盖德:《平面设计师印前技术教程》,上海人民美术出版社图书2006年版。

亚诺文化:《电脑印前技术简明手册》,中国青年出版社2005年版。

李治江:《印前图文处理技术》,上海交通大学出版社2008年版。

王大远、唐彬彬:《平面设计与印前技术实例解析》,北京科海电子出版社2009年版。

穆健:《实用电脑印前技术》,人民邮电出版社2008年版。

赵海生:《数字化印前技术》,中国轻工业出版社2008年版。

任向龙、范明:《电脑印前技术与排版案例手册》,清华大学出版社2007年版。

张逸新:《分色制版新技术》,中国轻工业出版社2001年版。

冯瑞乾:《印刷概论》,石油工业出版社1998年版。